Benjamin Gutgesell

Wettbewerbs- und Standortproblematik im Logistiksektor

Benjamin Gutgesell

Wettbewerbs- und Standortproblematik im Logistiksektor

Eine empirische Untersuchung unter Güterkraftverkehrs- und Speditionsunternehmen in der Region München

VDM Verlag Dr. Müller

Bibliografische Information der Deutschen Nationalbibliothek:
Die Deutsche Nationalbibliothek verzeichnet diese Publikation in der Deutschen Nationalbibliografie; detaillierte bibliografische Daten sind im Internet über http://dnb.d-nb.de abrufbar.

Kontakt: VDM Verlag Dr. Müller e.K., Dudweiler Landstr. 125 a,
D-66123 Saarbrücken, Telefon +49 681/9100-698, Telefax +49 681/9100-988
Email: info@vdm-verlag.de
Coverbild: copyright www.purestockx.com
Covererstellung: Michaela Bäumchen

Herstellung:
Schaltungsdienst Lange o.H.G., Zehrensdorfer Str. 11, D-12277 Berlin
Books on Demand GmbH, Gutenbergring 53, D-22848 Norderstedt

ISBN: 978-3-8364-2235-2

Inhaltsverzeichnis

Abbildungsverzeichnis

Tabellenverzeichnis

Kartenverzeichnis

Abkürzungsverzeichnis

BAG	=	Bundesamt für Güterverkehr
BGL	=	Bundesverband Güterkraftverkehr, Logistik, Entsorgung e.V.
BMVBW	=	Bundesministerium für Verkehr, Bau- und Wohnungswesen
BPB	=	Bundeszentrale für politische Bildung
BSL	=	Bundesverband Spedition und Logistik e.V.
GüKG	=	Güterkraftverkehrsgesetz
HGB	=	Handelsgesetzbuch
Hrsg.	=	Herausgeber
IHK	=	Industrie- und Handelskammer
KEP-Dienst	=	Kurier-, Express-, Paketdienst
KMU	=	Kleine und mittlere Unternehmen
Lkw	=	Lastkraftwagen
M&A	=	Mergers & Acquisitions, Fusionen und Übernahmen
Me	=	Median
QA	=	mittlerer Quartilsabstand
SSG München	=	Seminar für Sozialwissenschaftliche Geographie München
tkm	=	Tonnenkilometer
TUL	=	Transport, Umschlag, Lagerung
VGR	=	Volkswirtschaftliche Gesamtrechnung
WZ 2003	=	Klassifikation der Wirtschaftszweige, Ausgabe 2003
x	=	Mittelwert

A Einleitung

1. Anlass und Problemstellung

Die deutsche Transportwirtschaft befindet sich gegenwärtig in einem schwierigen Fahrwasser. Seit Jahren bestimmen Marktaustritte und Unternehmensaufkäufe das Marktgeschehen. Vor allem deutsche Transportunternehmen sehen sich seit der Liberalisierung des Verkehrssektors im internationalen Wettbewerb benachteiligt. Aufgrund einer ausbleibenden Harmonisierung des europäischen Transportwettbewerbes werden sie in steigendem Maße durch ausländische Unternehmen aus dem Markt gedrängt. Nationale Unterschiede hinsichtlich der Besteuerung, der Subventionierung sowie der geltenden Sozialvorschriften seien hier nur beispielhaft genannt.

Zudem ist im Zuge der anhaltenden Konjunkturschwäche auch die auf deutschen Verkehrswegen beförderte Gütermenge seit Jahren rückläufig. Im Vergleich zu ihrem Höhepunkt aus dem Jahre 1999 (knapp über 4 Mrd. Tonnen) ist sie bis zum Jahre 2002 innerhalb von nur 3 Jahren um über 400 Mio. Tonnen gesunken. Die Entwicklung der Transportleistung hat sich dagegen schon seit Jahren von der des Transportaufkommens abgekoppelt. Zwar ist sie in den letzten Jahren auch leicht gesunken, jedoch seit der zweiten Hälfte der 1980er Jahre weitaus stärker gewachsen. Dies ist größtenteils auf den starken Anstieg der durchschnittlichen Transportweiten zurückzuführen, was wiederum als Indiz für eine zunehmende Bedeutung internationaler Verkehre gewertet werden kann. Mittelfristige Prognosen gehen davon aus, dass die Güterverkehrsleistungen der Landverkehrszweige bis zum Jahr 2007 weiter um jährlich 2,7% zulegen werden (vgl. BGL 2003, S. 45ff).

Darüber hinaus wird das Transportgewerbe in den kommenden Jahren vom anhaltenden Trend des outsourcings profitieren. Aufgrund von beachtlichen Einsparungspotentialen gegenüber dem eigenwirtschaftlichen Werkverkehr lagern vor allem Industrie- und Handelsunternehmen ihre betrieblichen Transport- und Logistikleistungen an so genannte Logistikdienstleister aus.

Obwohl die einzelnen Betriebe, allen voran die kleinen und mittelständischen, derzeit mit schwierigen Marktbedingungen zu kämpfen haben, zeigen die Prognosen für das Gesamtgewerbe dennoch in eine positive Richtung. Zu den größten Gewinnern dieser Entwicklung wird auch weiterhin der Straßengüterverkehr zählen. Insbesondere die Netzbildungsfähigkeit, die ständige Einsatzbereitschaft, die hohe Anpassungsfähigkeit an individuelle und wechselnde Bedarfe sowie die Fähigkeit, auch kleine Mengen in der Fläche zuverlässig verteilen zu können, begünstigen die Straße gegenüber den anderen Verkehrsträgern. Selbst beim primären Einsatz von Bahn oder Flugzeug erweist sich der Lastkraftwagen (Lkw) für die Feinverteilung der Güter deshalb als unentbehrlich.

Eine Begleiterscheinung dieser Entwicklungen ist die steigende Beliebtheit so genannter Logistikimmobilien. Hierunter versteht man im Allgemeinen solche Einrichtungen, die für Lagerung, Umschlag und Kommissionierung von Waren und Gütern sowie ergänzenden

Tätigkeiten dienen. Sie haben in den vergangen Jahren eine dynamische Entwicklung hinsichtlich Nachfrage, Mietniveau und Entwicklungstätigkeit erfahren und damit verstärkt auch das Interesse institutioneller Investoren hervorgerufen. Logistikimmobilien fragen jedoch größtenteils ein umfangreiches Flächenpotential nach. Darüber hinaus sind sie aufgrund ihres häufigen Zuliefer- und Distributionsverkehrs und den damit verbundenen Lärm- und Umweltbelastungen teilweise nicht mit einer Ansiedlung in der Nähe von Wohngebieten vereinbar. Infolge des von politischer Seite geforderten sparsamen Umgangs mit Grund und Boden sehen sich jedoch andererseits viele Gemeinden mit Flächenengpässen konfrontiert.

In Anbetracht der skizzierten Entwicklungen stellt sich für die betroffenen Kommunen, aber auch für Unternehmen und Investoren, zunehmend die Frage, inwieweit sich diese Entwicklungen auf die künftige Standort- und somit auch Wirtschaftsstruktur, respektive den städtischen Immobilienmarkt, auswirken werden?

2. Zielsetzung und Aufbau der Arbeit

Aufgrund der Komplexität des Themas kann im Rahmen dieser Arbeit sicherlich nur teilweise zur Problemlösung beigetragen werden. Diesbezüglich richtet sich das Erkenntnisinteresse vorliegender Untersuchung auf die Analyse der Wettbewerbs- und Standortproblematik von Güterkraftverkehrs- und Speditionsunternehmen. Hierbei werden sowohl Aspekte zur Betriebs-, Angebots- und Wettbewerbsstruktur, als auch zu Standortanforderungen und Standortwahl berücksichtigt. Neben einem Gesamtüberblick sollen jedoch insbesondere auch die Unterschiede zwischen den einzelnen Branchengattungen des Transportsektors erarbeitet werden.

Aus diesem Forschungsinteresse ergeben sich folgende drei übergeordnete Leitfragen:

- Inwieweit ist der Wandel von Betriebs- und Angebotsstrukturen innerhalb des Transport- und Speditionsgewerbes bereits fortgeschritten?
- Wie lassen sich die gegenwärtigen Wettbewerbsstrukturen charakterisieren?
- Wie gestalten sich die spezifischen Standortanforderungen der einzelnen Akteure bzw. nach welchen Kriterien richtet sich die unternehmerische Standortwahl?

Kapitel B befasst sich zunächst mit den notwendigen theoretischen Grundlagen. Im ersten Teil werden neben der Abgrenzung des Transport- und Speditionsgewerbes auch die Begrifflichkeiten geklärt sowie die wirtschaftliche Bedeutung des Gewerbes dargestellt. Der zweite Teil widmet sich den aktuellen Markttendenzen. Neben einem kurzen Abriss zu den gegenwärtigen Anbieter- und Leistungsstrukturen wird jedoch auch explizit auf deren Wandel eingegangen. Der dritte Teil des Kapitels beschäftigt sich mit der betrieblichen Standortwahl. Während nach ihrer betriebswirtschaftlichen Einordnung zunächst der Bereich der Standortfaktoren behandelt wird, endet dieser Teil mit einer Darstellung der drei grundlegenden standortbezogenen Theorieansätze. Neben standort- und verhaltenstheoretischen Aspekten kommen hierbei auch organisationstheoretische Erklärungen zur Sprache. Der letzte Teil dient der Thesenformulierung.

Nach den theoretischen Ausführungen folgt in Kapitel C die empirische Überprüfung der Forschungsfragen und insbesondere der aufgestellten Thesen. Der erste Abschnitt des Kapitels skizziert zunächst das methodische Vorgehen. Neben dem Untersuchungsdesign, dem Untersuchungsgebiet und dem Untersuchungsgegenstand werden auch die verwendeten Methoden und Messinstrumente erläutert. Mit den Teilen zwei und drei folgt die Darstellung der gewonnenen Ergebnisse. Einerseits wird hierbei ein Überblick zu Struktur und räumlicher Verteilung der Grundgesamtheit gegeben (Teil 2), andererseits aber auch die wichtigsten Ergebnisse und Zusammenhänge der Unternehmensbefragung dargestellt (Teil 3). Die Auswertung gliedert sich in Erkenntnisse zur Betriebs-, Angebots-, Kunden-, Wettbewerbs- und Standortstruktur sowie zur Standortwahl.

Kapitel D bemüht sich um die Zusammenfassung und Bewertung der wichtigsten Ergebnisse und zieht ein Fazit aus der Untersuchung.

B Theoretische Grundlagen

1. Das Transport- und Speditionsgewerbe

1.1 Definition und Abgrenzung der (Transport-) Verkehrswirtschaft

Zur Transport- bzw. Verkehrswirtschaft, die Begriffe werden in der Praxis weitgehend synonym verwendet, zählen alle an der Herstellung und Verwendung von Verkehrsleistungen beteiligten Anbieter, Nachfrager und Märkte. Während die Angebotsseite durch die Verkehrsbetriebe repräsentiert wird, zählen zur Nachfrageseite alle Unternehmen und Privathaushalte die Transportleistungen am Markt nachfragen. Diesbezüglich bleibt anzumerken, dass innerhalb des Verkehrssektors von keinem einheitlichen Markt gesprochen werden kann. Vielmehr existieren eine Vielzahl von unterschiedlichen Märkten, die sich beispielsweise anhand der Transportobjekte (Personen, Güter), der räumlichen Tragweite (nah, regional, fern), der Verkehrsträger (Straße, Bahn, Binnenschiff, Luftverkehr, Seeschifffahrt, Rohrleitung) oder der Angebotsformen (öffentlich / privat, motorisiert / nicht-motorisiert) unterscheiden lassen. Mit dem privaten Individualverkehr und dem betrieblichen Werkverkehr existieren zudem auch beachtliche Anteile an Eigenproduktion von Verkehr, die in den Märkten nicht als Nachfrage in Erscheinung treten (vgl. BLOECH u. IHDE 1997, S. 1191, 1223).

Die Unternehmen der Verkehrswirtschaft subsumieren sich unter dem Sammelbegriff der Verkehrsbetriebe. Darunter versteht man sämtliche Wirtschaftseinheiten, „die sich darauf spezialisiert haben, Ortsveränderungsleistungen zu vermitteln, zu planen und durchzuführen oder durch Infrastrukturbereitstellung zu ermöglichen“ (FALLER 1999, S. 82)[1]. Neben den klassischen Transportbetrieben sind somit auch Betriebe des so genannten Verkehrsneben- oder –hilfsgewerbes, wie z.B. Speditionen, Lagereien, Umschlagbetriebe, Packereien, Ladungskontrolleure, Infrastruktur bereitstellende Unternehmen, Fahrzeugwerkstätten, Tankstellen etc., zur Gruppe der Verkehrsbetriebe zu zählen. Daraus folgt, dass unter einer Verkehrsleistung weit mehr als nur der physische Transportakt zu verstehen ist. Neben der reinen Beförderungsfunktion beinhaltet sie folglich auch sämtliche Tätigkeiten, die ihr vor- bzw. nachgelagert sind oder sie begleiten[2]. Bei der Verkehrsleistung handelt es sich somit um „ein komplexes, durch eine Vielzahl von Merkmalen individualisiertes Gut“ (IHDE 2001, S. 11).

---

[1] Da solche Leistungen grundsätzlich für Personen und/oder Güter erbracht werden können, das Augenmerk dieser Arbeit jedoch auf den Gütertransport gerichtet ist, werden Aspekte der Personenbeförderung im Folgenden nicht weiter betrachtet. Zudem sind die Betriebe des deutschen Transport- und Speditionsgewerbes größtenteils nur in einem der beiden Bereiche tätig, wodurch im Regelfall keine Überschneidungen zwischen der Personen- und Güterbeförderung auftreten können.

[2] z.B. Abfertigungsfunktion, Wegsicherungsfunktion, Hilfsfunktionen, Weg-, Fahrzeug- und Stationsbereithaltungsfunktionen, Umschlag, Transportvermittlung, Verpacken, Lagerung, Transportkontrolle, Transportmittelservice etc.

Unter einer Transport- bzw. Ortsveränderungsleistung versteht man im Allgemeinen eine vollzogene Veränderung der Raumkoordinaten von Gütern. Es werden also primär deren räumliche Merkmale verändert. Durch die Möglichkeit der Zwischenlagerung bzw. der Lagerhaltung sowie durch Ordnungsleistungen wie Sammeln, Bündeln, Verteilen oder Mischen, kann jedoch zudem auch die art- und mengenmäßige Zusammensetzung von Güterbeständen beeinflusst werden. Transporte können sich somit auch auf eine Veränderung der zeitlichen und physischen Merkmale von Gütern auswirken (vgl. IHDE 2001, S. 3f).

Zu den wichtigsten Bestimmungsgrößen des Gütertransports sind neben dem Transportaufkommen auch die Transport- und Fahrleistung zu zählen[3]. Während das Transportaufkommen die Menge der transportierten Güter in Tonnen (t) misst, ergibt sich die Transportleistung aus dessen Multiplikation mit der zurückgelegten Entfernung und wird somit in Tonnenkilometer (tkm) angegeben. Die Fahrleistung wird dagegen in Fahrzeugkilometer (Fzkm) ausgedrückt und ergibt sich aus einer Transformation der Transportleistung mit der Kapazität der Verkehrsmittel und deren Auslastungsgrad.

Aufgrund veränderter ökonomischer und politischer Rahmenbedingungen, wie z.B. der zunehmenden Globalisierung, dem internationalen Abbau von Handelshemmnissen, der Fertigungstiefenreduzierung in Industrie und Handel, dem outsourcing von Betriebsteilen und der steigenden Bedeutung von „just-in-time“-Konzepten, hat sich der Bereich der Transportwirtschaft in den letzten Jahren mehr und mehr zu einer Logistikwirtschaft entwickelt. Im einzelnen bedeutet dies, dass am Markt nicht mehr nur einfache Transport- oder Vermittlungsleistungen, sondern vielmehr die ganzheitliche Organisation und Durchführung komplexer Güterflusssysteme nachgefragt werden. Die Begriffe der Transportwirtschaft und der Logistik sind daher heute so eng miteinander verflochten, dass sie in der Praxis nicht mehr klar und eindeutig voneinander abzugrenzen sind.

Die Unternehmen des Transport- und Speditionsgewerbes sind einerseits als Bindeglied zwischen den einzelnen Teilen der betrieblichen Wertschöpfungskette, anderseits jedoch auch in zunehmendem Maße zwischen privaten Haushalten zu sehen.

---

[3] ABERLE (2003a, S. 5) weist darauf hin, dass für die Gütermobilität im Gegensatz zur Personenmobilität, die regelmäßig nach einer Vielzahl von Kriterien untersucht und analysiert wird, nur eine vergleichsweise geringe Anzahl von Informationen zur Verfügung steht. So muss hier hauptsächlich auf die für das gesamte Bundesgebiet und auf die einzelnen Verkehrsträger hochaggregierten Werte zum Transportaufkommen sowie zur Transport- und Fahrleistung zurückgegriffen werden.

Daneben stehen vereinzelt noch Daten verschiedener Verbände und Organisationen des Verkehrsgewerbes wie z.B. des Bundesamts für Güterverkehr (BAG), des Bundesverbands Güterkraftverkehr, Logistik, Entsorgung e.V. (BGL) oder des Bundesverbands Spedition und Logistik e.V. (BSL) zur Verfügung, die aufgrund von Schätzungen oder Stichprobenerhebungen jedoch nur näherungsweise verwendbare Ergebnisse liefern können. Detaillierte regionalisierte Angaben sind meist nur aus Erhebungen anderer Untersuchungen zu gewinnen, wobei hier oftmals Vergleichswerte im Zeitverlauf oder zu anderen Gebietseinheiten fehlen.

1.2 Leistungsanbieter in der Transportwirtschaft

1.2.1 Transportunternehmen

Eine allgemeine Definition deklariert Transportbetriebe als Unternehmen, „deren Sachziel es ist, Ortsveränderungen von Personen und/oder Sachgütern für diejenigen zu erstellen, die solche Leistungen am Markt nachfragen“ (BLOECH u. IHDE 1997, S. 1141). Neben der reinen Transportleistung zählen jedoch auch Umschlag und Lagerung zu deren traditionellen Tätigkeitsfeldern (vgl. ABERLE 2003b, S. 280). Da die zu befördernde Ladung bzw. das Transportgut im Fachjargon als Fracht bezeichnet wird, ist für das transportierende Unternehmen auch die Bezeichnung des Frachtführers geläufig.

Das Frachtgeschäft ist wesentlicher Bestandteil der kaufmännischen Handelsgeschäfte. Seine gesetzlichen Grundlagen sowie genauere Definitionen und Abgrenzungen werden deshalb im deutschen Handelsrecht erläutert. Aufgaben, Rechte und Pflichten der im Frachtgeschäft beteiligten Akteure finden sich in den §§ 407 bis 450 des Handelsgesetzbuches (HGB). Demnach ist der Frachtführer durch den Abschluss eines Frachtvertrags dazu verpflichtet, ein Gut zum Bestimmungsort zu befördern und dort an den Empfänger auszuhändigen. Dieser Transport muss dem Betrieb eines gewerblichen Unternehmens dienen und kann generell zu Lande, auf Binnengewässern oder mit Luftfahrzeugen erfolgen (§ 407 HGB)[4]. Darüber hinaus unterliegt der Frachtführer im Rahmen gewisser Einschränkungen den Weisungen des Versenders (§ 418 HGB), muss für die Betriebssicherheit der Verladung sorgen und dem Absender bzw. Empfänger eine angemessene Zeit für die Ver- und Entladung der Fracht zur Verfügung stellen (§ 412 HGB).

Neben der in § 407 vorgenommenen Unterscheidung der Unternehmen anhand des benutzten Verkehrsweges bzw. des Verkehrsträgers kann eine Klassifizierung bzw. Gliederung der Branche grundsätzlich auch anhand der Art (z.B. feste, flüssige oder gasförmige Güter) und/oder der Menge der beförderten Güter (z.B. Massen- oder Stückgüter) vorgenommen werden.

Straßengüterverkehr bzw. Güterkraftverkehr definiert sich laut § 1, Abs. 1 Güterkraftverkehrsgesetz (GüKG) als „die geschäftsmäßige oder entgeltliche Beförderung von Gütern mit Kraftfahrzeugen, die einschließlich Anhänger ein höheres zulässiges Gesamtgewicht als 3,5 Tonnen haben“. Darüber hinaus findet in § 1, Abs. 2 GüKG eine Unterscheidung zwischen Werkverkehr und gewerblichem Güterkraftverkehr statt. Werkverkehr ist demnach Güterkraftverkehr für eigene Zwecke eines Unternehmens. Die beförderten Güter müssen entweder Eigentum des Unternehmens oder aber sonstiger Bestandteil der betrieblichen Wert-

---

[4] Bei Transportunternehmen kann es sich somit generell um Güterkraftverkehrsbetriebe, Eisenbahngesellschaften, Binnenschifffahrtsreedereien oder Fluggesellschaften handeln. Für Reedereien der Seeschifffahrt gelten besondere Bestimmungen, die im fünften Buch des HGB über den Seehandel geregelt sind. Sie sind deshalb keine Frachtführer in diesem Sinne, sondern gelten im Allgemeinen als Verfrachter. Gemäß der zugrunde liegenden Fragestellung sind für vorliegende Untersuchung jedoch nur Frachtführer des Straßengüterverkehrs relevant.

schöpfungskette sein. Die Beförderung muss durch eigenes Personal erfolgen und darf nur eine Hilfstätigkeit im Rahmen der gesamten Tätigkeit des Unternehmens darstellen. Im Gegensatz dazu versteht man unter gewerblichem Güterkraftverkehr denjenigen Güterkraftverkehr, der nicht Werkverkehr ist (§1, Abs. 4 GüKG). Anders gesagt: Werkverkehr ist eine unterstützende Tätigkeit innerhalb des Wirkungsgefüges eines Unternehmens, um den Prozess der betrieblichen Leistungserstellung (Beschaffung, Produktion, Distribution) mit dem Einsatz eigener Ressourcen zu ermöglichen und aufrechtzuerhalten. Dagegen ist im gewerblichen Güterkraftverkehr das operative Transportgeschäft als Haupttätigkeit des jeweiligen Unternehmens zu verstehen. Der Gütertransport und die damit verbundenen Tätigkeiten werden also am Markt für Dritte angeboten bzw. durchgeführt und sind somit alleiniger Unternehmenszweck.

Das Verhältnis von Werkverkehr zu gewerblichem Güterkraftverkehr war lange Zeit durch eine starke Konkurrenzsituation gekennzeichnet. Die Gründe hierfür sind primär in der staatlichen Regulierungspolitik im Verkehrssektor zu suchen[5]. Dadurch konnte das Laderaumangebot des gewerblichen Güterkraftverkehrs einerseits nicht mit dem steigenden Transportaufkommen der Wirtschaft mithalten, andererseits machten die zum Teil marktfremden Tarifvorgaben den Werkverkehr trotz seiner Nachteile[6] für viele Industrie- und Handelsunternehmen wirtschaftlich interessant. Zudem wurde die Entwicklung des Werkverkehrs auch dadurch begünstigt, dass das Leistungsangebot vieler Verkehrsunternehmen qualitativ nicht den gewünschten Anforderungen der Nachfrager entsprach. So lag das Transportaufkommen des Werkverkehrs bis in die 1990er Jahre knapp 40% höher als das des gewerblichen Güterkraftverkehrs. Er konnte sich somit zu einer ernstzunehmenden wirtschaftlichen Alternative zur Fremdvergabe von Transportleistungen entwickeln (vgl. IHDE 2001, S. 172ff). Obwohl das Transportaufkommen im Werkverkehr seit Beginn der Deregulierungspolitik deutlich zurückging, erreicht es heute immer noch beachtliche 94 % des Aufkommens im gewerblichen Güterkraftverkehr. Dagegen machen sich bei Betrachtung der Transportleistungen die geringeren durchschnittlichen Transportweiten im Bereich des Werkverkehrs bemerkbar. So erreichte die Transportleistung des Werkverkehrs zu Zeiten der staatlichen Regulierung ca. 2/3 der Leistung des gewerblichen Güterkraftverkehrs, heute jedoch mit knapp 40% nicht einmal mehr die Hälfte (s. Abbildung 1).

---

[5] Die staatliche Regulierungspolitik im Verkehrssektor hatte die Kontingentierung der Genehmigungen für den gewerblichen Straßengüterfernverkehr und die Preisregulierung durch den Reichskraftwagentarif (RKT) von 1936, der 1989 in Tarif für den Güterfernverkehr (GFT) umbenannt wurde, zum Gegenstand. Genauere Angaben zur Kontingentierung finden sich in Kap. B, Punkt 2.1.1.

[6] Die Nachteile des Werkverkehrs sind vorwiegend in der Unpaarigkeit des Ladungsaufkommens zu sehen. Der daraus resultierende höhere Leerfahrtenanteil wirkt sich wiederum in ungünstigeren Kosten-Leistungsrelationen aus (vgl. IHDE 2001, S. 174).

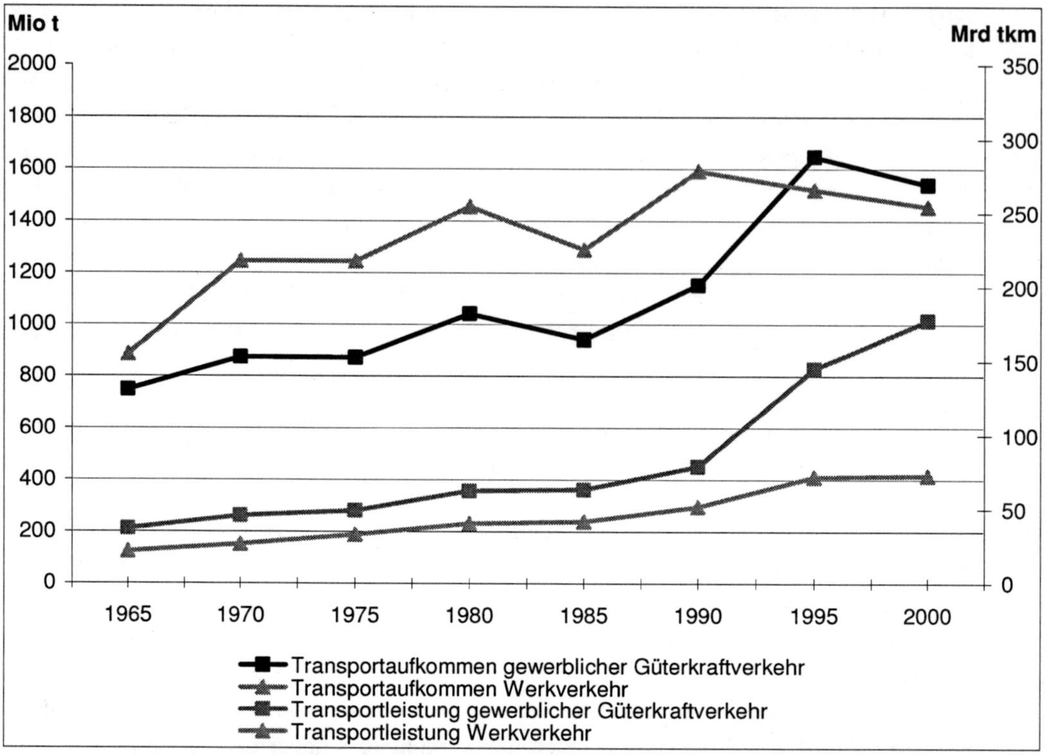

Abbildung 1: Entwicklung des Güterkraftverkehrs und des Werkverkehrs von 1965 - 2000

Quelle: BMVBW 2003, S. 232f, 236f, eigene Darstellung

1.2.2 Speditionsunternehmen

Das Speditionsgeschäft zählt wie das Frachtgeschäft zu den kaufmännischen Handelsgeschäften und definiert sich aus den §§ 453 – 466 HGB. Ähnlich wie Transportunternehmen konstatieren sich Speditionen aus Vertrags- und Leistungsbeziehungen. Spediteur ist demnach, wer sich durch einen Speditionsvertrag gewerbsmäßig dazu verpflichtet, die Versendung eines Gutes für den Versender zu besorgen (§ 453 HGB). Zu den speditionellen Kernleistungen zählen sämtliche Aufgaben die unmittelbar mit der Organisation der Beförderung im Zusammenhang stehen. Darunter fallen neben der Bestimmung des Beförderungsmittels und des Beförderungsweges, der Auswahl der ausführenden Unternehmer (Frachtführer) und der Sicherung von Schadensersatzansprüchen des Versenders auch der Abschluss der entsprechenden Fracht-, Lager- und Speditionsverträge (§ 454 HGB). „Diese als traditionell oder klassisch bezeichnete Speditionstätigkeit ist nicht durchführender, sondern dispositiver Natur: Sie umfasst die Vermittlung von Transportleistungen zwischen Nachfragern und Anbietern sowie die Übernahme der damit zusammenhängenden verkehrsträgerneutralen Planung und Steuerung der Güterversendung" (IHDE 2001, S. 228).

Das potentielle Leistungsspektrum der Spedition ist darüber hinaus noch durch zwei weitere Punkte gekennzeichnet. Während § 458 HGB dem Spediteur neben der reinen Frachtvermittlungstätigkeit zusätzlich das Recht des so genannten Selbsteintritts einräumt, regelt § 460 HGB die Möglichkeit der Bildung von Sammelladungen. Selbsteintritt bedeutet hierbei, dass der Spediteur die Güterbeförderung mit eigenen Fahrzeugen und eigenem Personal durchführt und somit gleichzeitig als Transportunternehmer bzw. Frachtführer auftritt. In diesem Falle gelten für Speditionen dieselben Rechte und Pflichten wie sie für Transportbetriebe bereits erläutert wurden. Selbsteintritt findet vorrangig im Fernverkehr statt und wird von knapp einem Viertel der Speditionen als Leistungsschwerpunkt eingestuft (s. Tabelle 1). Dagegen bedeutet Spediteursammelladungsverkehr nichts anderes, als dass der Spediteur einzelne Güter verschiedener Versender zu einer Ladung zusammenfasst und diese dann mit einem einzigen Frachtbrief als Sammel- bzw. Komplettladung versendet. Diese Bündelung von Einzelsendungen hat für die Speditionsbranche eine beachtliche wirtschaftliche Bedeutung erlangt, was unter anderem darin ersichtlich ist, dass heute bereits knapp die Hälfte der Speditionsbetriebe in diesem Leistungsfeld aktiv ist (s. Tabelle 1). Die Vorteile von Sammelladungsverkehren gegenüber dem Einzelversand von Gütern liegen für den Auftragnehmer in einer besseren Kapazitätsauslastung der eingesetzten Transportmittel und für den Auftraggeber in günstigeren Beförderungsentgelten (vgl. BSL 2000, S. 14).

Die deutsche Speditionsbranche ist sehr heterogen strukturiert. Klassifizierungen erfolgen überwiegend anhand der am Markt angebotenen Tätigkeitsbereiche. Erhebungen des BSL haben diesbezüglich ergeben, dass Speditionen im Schnitt in folgenden 7 Leistungsbereichen tätig sind: Internationale Spedition, LKW-Befrachtung, Spediteursammelgutverkehr, Absatz- und Beschaffungslogistik, Straßengüterverkehr im Selbsteintritt, Distributionslagerei sowie im Bereich Luft- und Seehafenspedition (vgl. BSL 2000, S. 11). Darüber hinaus zeigt Tabelle 1 die TOP-15 der Leistungsbereiche und – schwerpunkte von deutschen Speditionsunternehmen.

Rang	Tätigkeitsbereich	Leistungsbereich (in %)	Leistungsschwerpunkt (in %)
1	Internationale Spedition	68	33
2	Befrachtung fremder LKW - deutscher LKW - ausländischer LKW	66 64 46	28 24 18
3	Absatzlogistik	57	25
4	Speditionsnahverkehr	56	24
5	Stückgutverkehre / Spediteur-sammelgutverkehr	47	26
6	Güterfernverkehr mit LKW (Selbsteintritt)	47	26
7	Zollabfertigung	47	17
8	Beschaffungslogistik	47	21
9	Gefahrgutabfertigung	40	10
10	Distributionslagerei	37	16
11	Seehafenspedition	34	18
12	Luftfrachtspedition	34	16
13	Paket- und Expressdienste	23	11
14	Bahnbefrachtung	16	5
15	Anlagen- und Projektspedition	13	9

Tabelle 1: Leistungsbereiche und Leistungsschwerpunkte von Speditionsunternehmen
Quelle: BSL 2000, S. 10, leicht verändert

Wie bereits erläutert, tritt die Spedition originär als Organisator des Güterverkehrs auf. Expertenschätzungen gehen davon aus, dass gegenwärtig ca. 80% der Transportmenge im gewerblichen Straßengüterfernverkehr, 98% des Luftfrachtaufkommens, 20% der Tonnage in der Binnenschifffahrt, 25% der Güter im Schienenverkehr und 75% der Gütermenge im Seeverkehr von Speditionen disponiert werden (vgl. BSL 2000, S. 7).

1.2.3 Kurier-, Express- und Paketdienste (KEP-Dienste)

Bevor auf die heutige Definition des KEP-Dienstes bzw. der KEP-Branche eingegangen wird, sollen im Folgenden kurz die klassischen Abgrenzungsmerkmale der ehemals eigenständigen Angebotstypen der Kurier-, Express- und Paketdienste erläutert werden.

Das Marktsegment der Kurierdienste umfasst in der Regel den zuverlässigen, individuellen und schnellstmöglichen Transport von Dokumenten und Schriftstücken mit einem Durchschnittsgewicht von 1,5 bis 2 kg. Die Sendungen werden hierfür persönlich beim Versender abgeholt und anschließend direkt beim Empfänger abgeliefert (so genannte Haus-Haus-Verkehre). Kurierdienste zählen zur Gruppe hochpreisiger Dienstleistungen und bieten ihre Leistungen vorwiegend in Ballungszentren mit geringen Entfernungen an. Beispiele sind städtische Fahrradkuriere und Laborproben- oder Arzneimitteltransporte (vgl. BLOECH u. IHDE 1997, S. 426f).

Der Expressdienst bietet seine Leistungen ebenfalls als Haus-Haus-Verkehre mit garantierten Laufzeiten (in der Regel 24 und 48 Stunden) an. Der Transport von Expressgütern erfolgt überwiegend auf der Straße. Dabei werden die Güter zunächst beim Versender abgeholt und in ein Umschlagzentrum transportiert, dort werden sie auf Zielrelationen gebündelt, über Nacht in die Zielregion befördert und anschließend an die Adressaten ausgeliefert. In der Praxis kann der Expressdienst somit als differenziertere und qualitativ verbesserte Form des Spediteursammelgutverkehrs angesehen werden. Im Gegensatz zu Paketdiensten zeichnen sich Kurier- und Expressdienste durch einen individuellen Service mit bis auf den einzelnen Versender zugeschnittenen Leistungsangeboten aus (vgl. BLOECH u. IHDE 1997, S. 780; SCHULTE 1999, S. 186)

Bei Paketdiensten handelt es sich dagegen um ein weitgehend standardisiertes Produkt für Kleingüter bis ca. 30 kg. Transporte von Sendungen mit höheren Gewichten werden dagegen in der Regel von klassischen Sammelgutspeditionen durchgeführt. Gütertransport und Güterverteilung erfolgen im Rahmen eines regelmäßigen oder fahrplanmäßigen Dienstes entweder in Form eines Hub-Spoke-Systems[7] oder bei ausreichenden Sendungsmengen auch in Form von Direktverkehren[8] zwischen mehreren Güterverteilzentren und Depots. Das

---

[7] Ein Hube-Spoke-System (Nabe-Speiche-System) ist ein spezielles Verkehrsnetz, das aus einem zentralen Umschlagpunkt (Hub) sowie sternförmig auf diesen Punkt zulaufenden Strecken (Spokes) besteht. Am Endpunkt einer Spoke werden jeweils Güter aufgenommen, deren Zielort entweder das Ende einer anderen Spoke oder der Hub selbst ist.

Der Vorteil von Hub-Spoke-Systemen liegt darin, dass die Flug- bzw. Fahrleistung der Transportmittel, die zur Verbindung einer gegebenen Zahl von Orten notwendig wird, geringer ausfällt, als wenn die Orte durch Direktverbindungen verbunden wären.

[8] Direktverkehr ist eine Bezeichnung für einen Transportakt, der durch keine Umschlagprozesse und keinen Wechsel des Verkehrsmittels gekennzeichnet ist. Synonym werden für solche Verkehre auch die Begriffe ungebrochene Verkehre oder eingliedrige Transportketten verwendet.

Angebot an individuellen Zusatzleistungen ist aufgrund der weitgehenden Normierung des Systems sehr begrenzt (vgl. BLOECH u. IHDE 1997, S. 780f).

Diese klassische Abgrenzung der Kurier-, Express- und Paketdienste anhand der Kriterien Transportzeit und Sendungsgewicht ist heute aufgrund einer zunehmenden Wettbewerbsintensität nicht mehr eindeutig möglich. In der Praxis werden sie deshalb unter dem Begriff der KEP-Dienste subsumiert und definieren sich allgemein als Schnelllieferverkehre (24- oder 48-Stundenservice, same-day bzw. over-night-delivery) für Sendungen mit relativ niedrigem Gewicht (bis ca. 30 kg). Obwohl KEP-Dienste ursprünglich als eine spezielle Form des Transportunternehmens deklariert werden können, steigen aufgrund der lukrativen Marktaussichten auch immer mehr Speditionen in dieses spezielle Transportsegment ein.

Eine besondere Form von KEP-Dienstleistern stellen die sog. „Integrators" dar. Der Begriff bezeichnet einige wenige Unternehmen, die im Güterverkehr bestimmte Verkehrsangebote in einer ähnlichen Produktionsweise erstellen und absetzen. Hierbei handelt es sich hauptsächlich um die, in den USA gegründeten, Unternehmen FedEx (Federal Express), DHL (Dalsey, Hillblom, Lind) und UPS (United Parcel Service) sowie um das in Australien gegründete Unternehmen TNT (Thomas Nationwide Transport). Ihr Kerngeschäft besteht in Haus-Haus-Verkehren von Sendungen bis zu einer Gewichtsgrenze, bei der noch ein manueller Umschlag durch den Menschen möglich ist. Die Leistungserstellung erfolgt überwiegend durch die Sammlung und Verteilung der Güter am Tage und die Durchführung der Transporthauptläufe in der Nacht. Um einerseits die Qualität der angebotenen Dienstleistungen, vor allem in Bezug auf Pünktlichkeit und Zuverlässigkeit, sicherstellen zu können, andererseits aber auch den Transportablauf schnellstmöglich an veränderte Ansprüche der Auftraggeber anpassen zu können, verfügen sie neben einem weltweiten Netz eigener Niederlassungen auch größtenteils über eine eigene Flugzeug- und Lkw-Flotte (vgl. BLOECH u. IHDE 1997, S. 395f).

Gemeinsames Kennzeichen der führenden KEP-Anbieter ist der hohe Grad an Industrialisierung und Standardisierung. So werden neben Hochleistungs-Umschlagsystemen (Umschlagleistungen bis zu 15.000 Pakete pro Stunde) und einem flächendeckenden Netz an Sammel- und Verteilsystemen für die Abholung und Auslieferung der Sendungen auch spezialisierte Fahrzeuge und Transportmittel eingesetzt. Obwohl die Erträge je Sendung kontinuierlich sinken, kann dadurch heute immer noch ein Umsatzwachstum realisiert werden. Im Jahre 1997 lag das gesamte Transportaufkommen im KEP-Markt bei ca. 1,4 Mrd. Sendungen. Während Paketdienste einen Anteil von 69% verbuchen konnten, lagen die Anteile von Kuriersendungen bei 16% und die von Expresssendungen bei 15% (vgl. MEHLDAU u. SCHNORZ 1999, S. 853f).

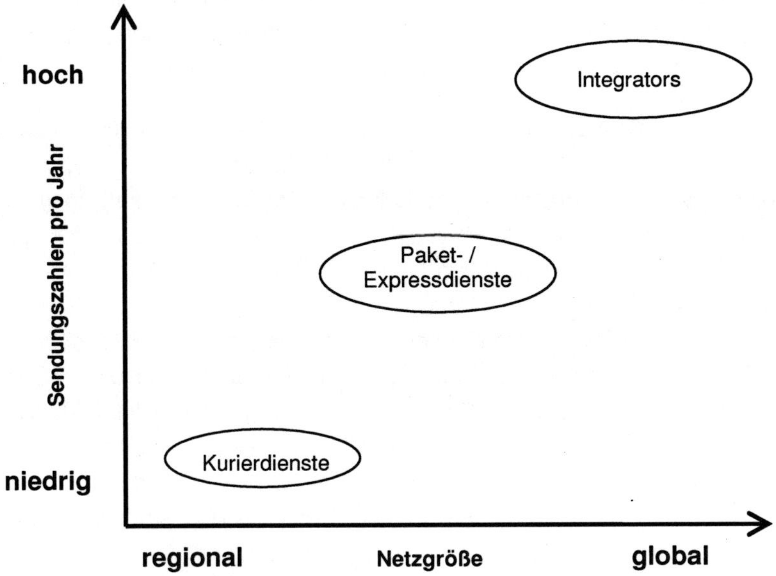

Abbildung 2: Strukturierung der KEP-Dienstleister

Quelle: MEHLDAU u. SCHNORZ 1999, S. 855, leicht verändert

1.2.4 Logistikdienstleister

Während der traditionelle Markt für Transport- und Speditionsleistungen anhand der im HGB verfassten Spezifika klar abzugrenzen ist, bringt der noch vergleichsweise junge Begriff des Logistikdienstleisters eine gewisse Unschärfe mit sich.

Vereinfacht gesagt versteht man unter einem Logistikdienstleister ein Unternehmen das logistische Dienstleitungen für Dritte anbietet. Die Definition ist somit an das Leistungsbild der logistischen Dienstleistung gekoppelt, welche jedoch in der Praxis bislang noch nicht klar und einheitlich abgegrenzt wurde. „Nicht wenige Experten verstehen hierunter nur solche Dienstleistungen, die über die traditionellen Kernaktivitäten von Transport- und Lagerhaltungsbetrieben hinausgehen und damit so etwas wie einen „added value“ schaffen. Damit wäre die Mehrzahl der derzeit im Markt operierenden Transport- und Speditionsbetriebe nicht als logistische Dienstleister einzustufen. Eine solche Sprachregelung macht wenig Sinn, da sie den Begriff der logistischen Dienstleistung erheblich enger fasst als den Logistikbegriff selbst und damit nahezu zwangsläufig Missverständnisse heraufbeschwört (...) Eine andere, gleichfalls geläufige Sprachregelung bezieht den Begriff der logistischen Dienstleistung ganz pragmatisch auf alles, was logistische Dienstleistungsunternehmen in der Praxis tatsächlich tun. Diese Definition ist offener, allerdings um den Preis der Unschärfe. Abgesehen von ihrem offensichtlich zirkulären Charakter (das, was definiert werden soll, wird mit dem Verweis auf logistische Dienstleistungsunternehmen schon als bekannt vorausgesetzt), führt auch sie damit zu nicht sinnvollen Konsequenzen“ (BRETZKE 1999, S. 220). BRETZKE (1999, S. 220) schlägt diesbezüglich vor, den Begriff der logistischen Dienstleistung definitorisch mit dem Logistikbegriff zu verknüpfen. Da die Kernaufgabe der Logistik auf die bedarfsgerechte Herstellung von Verfügbarkeit gerichtet ist, sind unter logistischen Dienstleistungen somit sämtliche Serviceleistungen zu verstehen, die zur Erreichung dieses Ziels erforderlich sind.

ZENTES und MORSCHETT (2003, S. 123) unterteilen das Spektrum der logistischen Dienstleistungen in folgende 3 Bereiche:

- logistische Hauptfunktionen bzw. Kernaktivitäten

  Zu den logistischen Hauptfunktionen zählen die konventionellen Leistungsbereiche Transport, Umschlag und Lagerung (TUL). Im Vergleich zu den anderen beiden Bereichen machen sie nach wie vor den größten Anteil an Logistikdienstleistungen aus.

- logistische Ergänzungsfunktionen

  Zu den logistischen Ergänzungsfunktionen zählen unter anderem Verpackungstätigkeiten, Informationsleistungen sowie Manipulationsfunktionen[9].

- Logistische Sonderfunktionen bzw. „value added services“

  Unter “added value” bzw. “value added services” versteht man so genannte Mehrwertdienste und Zusatzleistungen, welche die traditionellen Tätigkeitsfelder des Transportierens, Umschlagens und Lagerns fallweise anreichern und dadurch die erbrachten Dienstleistungen zu einem kundenindividuellen Leistungspaket ergänzen. Zu diesen Sonderfunktionen zählen unter anderem die Logistikberatung, der Betrieb von Call-Centern, das Dokumentenmanagement, die Archivierung, die Bestellabwicklung, die Kommissionierung, die Etikettierung, die Konfektionierung, das Tracking and Tracing (=Sendungsverfolgung), das Facility Management für Lagerstandorte, Qualitätsprüfungen, die Betreuung von EDV-Systemen, die Montage von einzelnen Bauteilen etc. Obwohl sie heute zwar noch den kleinsten Anteil der logistischen Dienstleistungen ausmachen, sind sie derzeit jedoch das Segment mit den höchsten Wachstumsraten.

In Anbetracht dieses Tätigkeitsspektrums handelt es sich bei Logistikdienstleistern also nicht um eine eigene Branchengattung. Die Bezeichnung ist vielmehr als ein Sammelbegriff für die unterschiedlichsten Leistungsanbieter zu verstehen, die ein ähnliches Leistungsangebot aufweisen. Je nach Umfang und Kombination der einzelnen Leistungen sind Frachtführer, Speditionen und KEP-Dienste gewissermaßen als eine Teilmenge der Logistikdienstleister anzusehen.

In der Praxis sind diese logistischen Tätigkeiten bei den einzelnen Unternehmen auf unterschiedlichste Art und Weise ausgestaltet. Je nachdem wie das spezifische Leistungsangebot hinsichtlich Umfang und Struktur im konkreten Einzelfall angeboten wird, lassen sich im Allgemeinen folgende vier Typen von logistischen Dienstleistungsunternehmen unterscheiden: Einzel-, Spezial-, Verbund- und Systemdienstleister. Während die wichtigsten Abgrenzungs- und Unterscheidungsmerkmale in Tabelle 2 übersichtlich dargestellt werden, soll jedoch zusätzlich erwähnt werden, dass in den ersten beiden Gruppen überwiegend kleine und mittlere Unternehmen (KMU) des klassischen Speditions- und Transportgeschäfts tätig sind. Zur Gruppe der Verbunddienstleister zählen dagegen fast ausschließlich große KEP-Dienste sowie flächendeckende Speditionsverbünde. Da der Bereich der Systemdienstleister über

[9] Unter Manipulationsfunktionen sind Vorgänge zu verstehen, durch welche der zeitliche Ablauf (z.B. Stauung) oder die äußere Erscheinung (z.B. Markierung) einer Gütersendung beeinflusst wird.

wiegend durch das kapitalintensive und umfangreiche Geschäft der Kontraktlogistik[10] gekennzeichnet ist, finden sich hier fast ausschließlich spezialisierte mittelständische bis große Unternehmen wieder.

	Leistungsmerkmale	Leistungsangebot
Einzeldienstleister	- universelle logistische Einzelleistungen - großer oft anonymer Kundenkreis - sehr unterschiedliche Dauer der Geschäftsbeziehungen	z.B. TUL, Kommissionierung, Verpacken
Spezialdienstleister	- auf das Transportgut spezialisierte logistische Einzelleistungen - begrenzter Kundenkreis - relativ stabile Geschäftsbeziehungen	z.B. Wert-, Gefahr- Kühl- oder Schwerguttransporte
Verbunddienstleister	- Aufbau und Betrieb offener Verbundsysteme - großer meist anonymer Kundenkreis - stark schwankende Mengenanforderungen - kurzfristige häufig wechselnde Geschäftsbeziehungen	z.B. KEP-Dienste, Integrators
Systemdienstleister	- Aufbau und Betrieb geschlossener Systeme - ausgerichtet auf den Bedarf einzelner Kunden - relativ konstante Strukturen und Mengen - langfristig kalkulierbare Geschäftsbeziehungen	z.B. Kontraktlogistik

Tabelle 2: Strukturierung der Logistikdienstleister

Quelle: MEHLDAU u. SCHNORZ 1999, S. 844, leicht verändert

[10] Der Begriff der Kontraktlogistik steht für umfassende, kundenspezifische und langfristig ausgerichtete Logistiksysteme. Hierbei übernimmt ein externer Dienstleister meist die komplette logistische Aufgabenbewältigung des jeweiligen Kunden. Genaueres zum Geschäftsfeld der Kontraktlogistik findet sich in Kap. B, Punkt 2.2.2.

1.3 Volkswirtschaftliche Bedeutung

Die in einer Volkswirtschaft erstellte Verkehrsleistung ist das Produkt von Angebot und Nachfrage der einzelnen Verkehrsmärkte. Abbildung 3 zeigt diesbezüglich die Entwicklung des deutschen Binnenverkehrs und des Bruttoinlandsprodukts im Zeitraum von 1970 bis 2002. Während die Transportmenge um lediglich 25% gewachsen ist und sich seit ihrem Maximum von 1999 bereits wieder kontinuierlich um 12% reduziert hat, konnte sich die Transportleistung mit einem Anstieg um 235% weit mehr als verdoppeln. Obwohl sie sich bis Ende der 1970er Jahre noch annähernd gleich mit dem Transportaufkommen entwickelt hat, kann mit dem Beginn der 1980er Jahre und verstärkt seit den 1990er Jahren eine deutliche Entkopplung beider Größen festgestellt werden. Dieser klare Anstieg der Transportleistung ist weniger auf die Menge der transportierten Güter, als vielmehr auf die, infolge von Globalisierung und zunehmender Arbeits- und Standortteilung, gestiegene durchschnittliche Transportentfernung zurückzuführen. Während das Wachstum der Güterverkehrsleistung in den 1970er und 1980er Jahren noch annähernd mit dem Wirtschaftswachstum zu vergleichen war, hat es sich seit den 1990er Jahren jedoch deutlich nach oben vom BIP abgekoppelt.

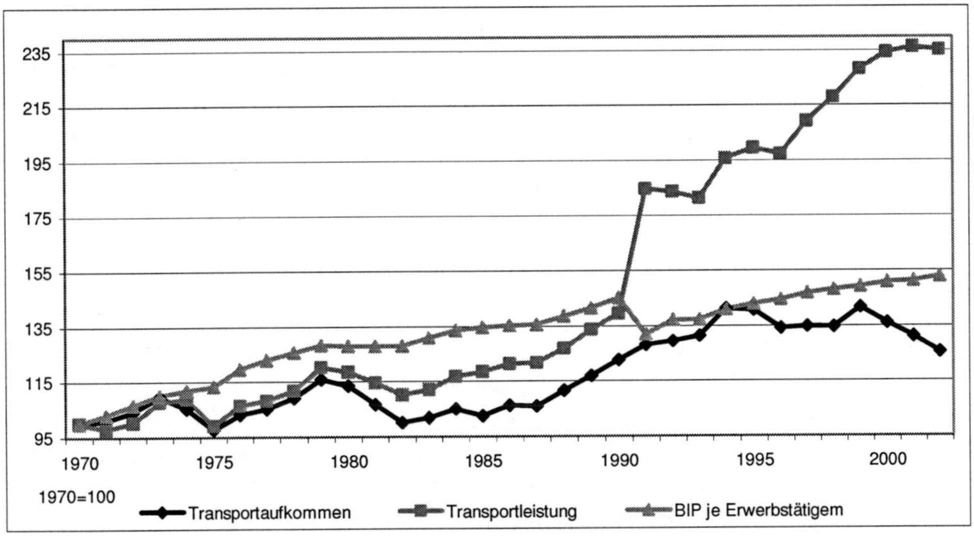

Abbildung 3: Entwicklung des Güterverkehrs und des Wirtschaftswachstums seit 1970
Quelle: BMVBW 2003, S. 232f, 236f; STATISTISCHES BUNDESAMT 2004, S. 728f

Der deutliche Anstieg der Verkehrsleistung einerseits sowie die Entkopplung von Wirtschaftswachstum und Güterverkehrswachstum andererseits lassen auf eine gestiegene volkswirtschaftliche Bedeutung des Verkehrssektors schließen. Um jedoch die Bedeutung des Verkehrssektors innerhalb der Volkswirtschaft und insbesondere im Vergleich zu anderen Wirtschaftssektoren deutlich zu machen, ist es notwendig, auf die zur Erstellung der Verkehrsleistungen benötigten Produktionsfaktoren oder die mit dieser Verkehrsleistung verbundenen Erlöse zurückzugreifen (vgl. ECKEY u. STOCK 2000, S. 134).

Diesbezüglich besteht beispielsweise die Möglichkeit, auf wichtige Kenngrößen der Volkswirtschaftlichen Gesamtrechnung (VGR)[11] zurückzugreifen. Während die getätigten Umsätze seit dem Jahre 1965 kontinuierlich gestiegen sind, zeigt sich, entgegen der Annahme der gestiegenen Bedeutung des Verkehrssektors, bezüglich der Bruttowertschöpfung und der Brutto-Anlageinvestitionen jedoch ein zum Teil niedriger und im Zeitverlauf sogar sinkender Anteil des Verkehrssektors (s. Tabelle 3).

Jahr	**Bruttowertschöpfung** Anteil des Verkehrssektors an der Gesamtwirtschaft in %	**Brutto-Anlageinvestitionen** Anteil des Verkehrssektors an der Gesamtwirtschaft in %	**Getätigte Umsätze im Verkehrssektor** in Mrd. € zu lfd. Preisen
1965	4,3	12,1	15,11
1970	4,1	13,4	24,74
1975	3,6	12,7	36,31
1980	3,7	10,0	55,13
1985	3,6	9,1	66,65
1990	3,5	7,6	83,68
1995	3,1	6,7	123,69
2000	3,5	6,9	162,00

Tabelle 3: Entwicklung des Verkehrssektors in der VGR 1965 – 2000
Quelle: ABERLE 2003a, S. 40

ABERLE (2003a, S. 40ff) weist diesbezüglich jedoch ausdrücklich darauf hin, dass die VGR aufgrund einer systematischen Unterschätzung des Transportsektors kein hinreichend genaues statistisches Bild über dessen gesamtwirtschaftliche Bedeutung liefern kann.

Die Gründe hierfür liegen überwiegend in der statistischen Abgrenzung des Verkehrssektors. Einerseits werden wesentliche wirtschaftliche Bereiche die unmittelbar verkehrsbezogen sind, wie z.B. die Automobilindustrie, der Schiffbau oder Raffinerien zur Treibstoffgewinnung, anderen Wirtschaftsbereichen zugeordnet. Andererseits findet sich der heute noch beachtliche Ausmaße annehmende Bereich des Werkverkehrs nicht innerhalb des Verkehrssektors, sondern vielmehr in den Konten des warenproduzierenden Gewerbes. Darüber hinaus kann in der VGR nicht der Tatsache Rechnung getragen werden, dass Verkehrsaktivitäten die Grundvoraussetzung für die Wertschöpfungserbringung in anderen Wirtschaftsbereichen

[11] Da in der VGR keine Unterscheidung zwischen Personen- und Güterverkehr stattfindet, fließen jeweils die Werte des gesamten Verkehrssektors in die Berechnungen mit ein.

darstellen. Die externen Effekte des Verkehrs werden ebenfalls nicht erfasst (vgl. ABERLE 2003a, S.42f).

Im Gegensatz zu dieser gesamtheitlichen Betrachtung des Verkehrssektors versucht KLAUS (2003. S. 1ff) in der Studie „TOP 100 der Logistik – 2003“ den Bereich der güterbezogenen Verkehrsleistungen zu isolieren um dadurch die tatsächliche Bedeutung der Transport- bzw. Logistikwirtschaft zu bestimmen. Hierbei liegt der auch in dieser Arbeit verwendete Logistikbegriff zugrunde. Neben dem klassischen TUL-Bereich werden also auch die logistischen Ergänzungs- und Sonderfunktionen mit eingeschlossen. Aus den Transportmengen und –kosten, der finanzamtlichen Umsatzsteuerstatistik sowie der Berufsgruppenstatistik der Bundesanstalt für Arbeit lässt sich ein jährlicher Umsatzwert der deutschen Logistikbranche von € 150 Mrd. errechnen. Das sind knapp 20% mehr als der Umsatz der deutschen Ernährungsindustrie oder der chemischen Industrie, das sechsfache der deutschen Bekleidungsindustrie und annähernd 60% der größten deutschen Industriebranche, des Fahrzeugbaus. Die Beschäftigtenzahl wird auf 2,06 Mio. geschätzt, soviel wie in keinem anderen Wirtschaftssektor.

2. Tendenzen der Marktentwicklung

2.1 Wandel der Anbieterstrukturen

Andere Wirtschaftssektoren, wie z.B. der Flugzeugbau, der Triebwerkbau, die Auto- oder die weltweite Schiffbauindustrie, sind heute weitestgehend durch duopolistische und oligopolistische Wettbewerbsstrukturen gekennzeichnet. Das Transport- und Speditionsgewerbe ist dagegen (noch) in Form eines heterogenen Polypols organisiert und überwiegend durch kleine und mittelständische Anbieter geprägt. So haben im gewerblichen Güterkraftverkehr annähernd 90 % der Betriebe weniger als 20 Mitarbeiter und in der Speditionsbranche knapp 70 % der Betriebe weniger als 50 Mitarbeiter (s. Tabellen 4 und 5).

Beschäftigte je Betrieb	Anteil in %
bis 3	42
4 bis 9	32
10 bis 19	15
20 bis 49	8
über 50	3

Tabelle 4: Betriebsgrößen im gewerblichen Güterkraftverkehr

Quelle: BGL o.J., S. 6

Beschäftigte je Betrieb	Anteil in %
bis 10	22
11 bis 50	46
51 bis 100	16
101 bis 200	9
über 200	7

Tabelle 5: Betriebsgrößen in der Speditionsbranche

Quelle: BSL 2000, S. 25

Lediglich Großspeditionen[12] treten am weltweiten Logistikmarkt bereits als Angebotsoligopolisten auf (vgl. ABERLE 2003a, S. 72). Seit geraumer Zeit mehren sich jedoch in beiden Märkten die Anzeichen für eine stärkere Anbieterkonzentration. So ist seit Anfang der 1990er Jahre die Zahl der Logistikdienstleister in Europa um ca. 70% zurückgegangen (vgl. KRUSE 2003, S. 438). Dabei stellen sich zwangsläufig die Fragen, durch welche Prozesse diese Konsolidierungsphase vorangetrieben und in welchem Stadium bzw. in welcher Wettbewerbskonstellation sie ihr Ende finden wird? Während sich letztere Frage heute noch nicht ohne weiteres beantworten lässt und somit verschiedenen Spekulationen Raum gebietet, herrscht über die der fortschreitenden Marktkonzentration zugrunde liegenden Prozesse weitgehend Einigkeit. Demnach wird das bestehende Anbietergefüge im Transport- und Speditionsgeschäft hauptsächlich durch Marktein- und Marktaustritte, Fusionen und Übernahmen sowie Kooperationen und Allianzen beeinflusst.

[12] Großspeditionen zeichnen sich durch ein umfassendes Leistungsangebot, ein flächendeckendes nationales, europäisches und teilweise sogar globales Netzwerk sowie durch mehr als 2000 Mitarbeiter aus

2.1.1 Marktein- und Marktaustritte

Bezüglich des Marktzugangs zum gewerblichen Güterkraftverkehr ist zwingend zwischen der Phase der staatlichen Regulierung und der Zeit seit der weitgehenden Deregulierung zu unterscheiden.

Bis zum Jahre 1998 war der Markteintritt durch gesetzliche Vorgaben nur sehr eingeschränkt möglich. Laut GüKG (Fassung von 1952) war der Güterkraftverkehr in die beiden Bereiche des Güternahverkehrs und des Güterfernverkehrs unterteilt. Die Nahzone umfasste das Gebiet im Umkreis von 50 km vom Standort des Betriebes, mit Güterfernverkehr wurde dagegen alles bezeichnet, was über diese Grenze hinausging (§§ 2 und 3 GüKG 1952). Beide Distanzzonen unterlagen der Erlaubnis- bzw. Genehmigungspflicht[13] (§§ 8 und 80 GüKG 1952). Während jedoch die Anzahl der Genehmigungen für den Nahverkehr keinen Beschränkungen unterlag, waren die des Fernverkehrs durch staatliche Kontingentierungen streng limitiert. Nach § 9 GüKG 1952 richteten sich die Höchstzahlen der Konzessionen des Fernverkehrs nach dem öffentlichen Verkehrsbedürfnis sowie der Verkehrssicherheit. In Absprache mit dem Parlament wurden sie jeweils durch den Bundesminister für Verkehr festgelegt. Infolge von Bedarfsprüfungen wurden die Kontingente in Mehrjahresabständen sukzessive erhöht. Während das Gesamtkontingent für den Güterfernverkehr im Jahre 1952 bei 14.800 Konzessionen lag, umfasste es im Jahre 1986 bereits 33.857 und im Jahre 1993 61.304 (vgl. ABERLE 2003a, S. 120ff).

Seit die Phase der regulativen Verkehrspolitik mit der Transportrechtsreform[14] von 1998 abgeschlossen wurde, haben sich die Markteintrittschancen für neue Wettbewerber, so genannte „new

[13] Zur Erteilung der Genehmigungen wurden qualitative Kriterien wie die persönliche Zuverlässigkeit und fachliche Eignung des Unternehmers sowie die finanzielle Leistungsfähigkeit des Betriebes herangezogen. Die Genehmigungen wurden zunächst für eine Dauer von 8 Jahren erteilt, konnten jedoch nach Ablauf problemlos erneuern. Da sie an einzelne Fahrzeuge gebunden waren, musste für jedes Fahrzeug eine eigene Genehmigung beantragt werden. Der Handel mit Konzessionen war untersagt, jedoch konnten bei Betriebsverkäufen die Konzessionen des anderen Betriebes mit erworben werden.

[14] Nachdem bereits seit Anfang der 1990er Jahre die Nahgrenze auf 75 km erweitert, die Anzahl der Konzessionen für den Fernverkehr großzügig erhöht und das obligatorische Tarifsystem aufgegeben wurde, zieht die Transportrechtsreform von 1998 mit ihrer entsprechenden Neufassung des GüKG den endgültigen Schlussstrich unter die regulative staatliche Verkehrspolitik. Den entscheidenden Ausschlag für die weitreichenden Reformen innerhalb des Verkehrssektors lieferte das so genannte „Untätigkeitsurteil" des Europäischen Gerichthofes vom Mai 1985, wonach in allen Mitgliedsstaaten bis zum Jahre 1992 die Dienstleistungsfreiheit im grenzüberschreitenden Verkehr hergestellt werden musste (vgl. ABERLE 2003a, S. 124ff; KÖBERLEIN 1997, S. 168f).

entrants", grundlegend verändert. Der gewerbliche Güterkraftverkehr unterliegt seither nur noch einer Erlaubnispflicht. Die Erlaubnis wird zunächst für eine Dauer von 5 Jahren erteilt, richtet sich nur noch nach den bereits genannten qualitativen Kriterien und kann nach Ablauf problemlos erneuert werden (§ 3 GüKG 1998). Das Kontingentierungssystem wurde ebenso aufgegeben wie die Unterteilung zwischen Nah- und Fernverkehr.

Neben den gesetzlichen Vorgaben müssen für den Markteintritt zum Güterkraftverkehr jedoch auch finanzielle Aspekte berücksichtigt werden. Solange lediglich eine reine Frachtführertätigkeit angestrebt wird, ist der Marktzugang zum Straßengüterverkehr mit vergleichsweise geringen Anfangsinvestitionen verbunden. So betragen die Anschaffungskosten für Lastkraftwagen nur einen Bruchteil der Aufwendungen, die beispielsweise für Verkehrsmittel kapitalintensiverer Branchen wie dem Luftfrachtverkehr oder der Binnenschifffahrt getätigt werden müssen. Zudem existieren für Straßenverkehrsmittel neben einem funktionierenden Markt für Gebrauchtfahrzeuge auch attraktive Finanzierungs-, Miet- und Leasingangebote. Darüber hinaus sind die laufenden Betriebskosten von Straßengüterverkehrsunternehmen durch eine vergleichsweise günstige Kostenstruktur gekennzeichnet. Im Vergleich zu anderen Verkehrsträgern betragen ihre fixen Kosten[15] deutlich weniger als die Hälfte der Gesamtkosten (s. Tabelle 6).

	Fixe Kosten	**Variable Kosten**
Rohrleitungsverkehr	75 %	25 %
Eisenbahnverkehr	60 %	40 %
See- und Binnenschifffahrt	55 %	45 %
Luftverkehr	55 %	45 %
Güterkraftverkehr	35 %	65 %

Tabelle 6: Kostenstruktur der Verkehrsträger

Quelle: KÖBERLEIN 1997, S. 80

[15] „Die fixen Kosten sind der Teil der Gesamtkosten, die unabhängig vom Produktionsumfang anfallen. Sie entstehen vor allem aus der Bereitschaft zur Leistungsproduktion, d.h. aus der Bereithaltung aller technischen Einrichtungen einschließlich der Fahrzeuge, Verkehrswege, Stationen und eines Teils des Personals, unabhängig vom tatsächlichen Umfang der zu produzierenden Verkehrsleistungen. Die variablen Kosten sind demgegenüber der Teil der Gesamtkosten, der mit dem Unfang der tatsächlichen Verkehrsleistungsproduktion variiert. Zu den variablen Kosten sind vor allem die Betriebsstoffe, die Verkehrssteuern (Mineralölsteuer), leistungsabhängige Wartung und Reparatur des Fuhrparks und gegebenenfalls der Verkehrsinfrastruktur, die Verkehrsinfrastrukturabgaben (Hafengebühr, Straßenbenutzungsgebühren, Flughafengebühren etc.) und teilweise die Kosten für das Fahrpersonal zu rechnen (...) Tendenziell ist der Fixkostenanteil bei den Verkehrsunternehmen die ihre eigene Infrastruktur vorhalten müssen und deren Fuhrpark hohe Investitionskosten verursacht hat relativ am höchsten" (KÖBERLEIN 1997, S. 78f).

Im Gegensatz zum Marktzugang war der Marktaustritt im Bereich des gewerblichen Güterkraftverkehrs jedoch niemals irgendwelchen staatlichen Beschränkungen unterworfen. Generell können Marktaustritte auf verfehlte Unternehmensstrategien bzw. mangelhafte Managementleistungen, auf altersbedingte Betriebsaufgaben sowie auf eine zunehmende Preis- und Kostenkonkurrenz zurückgeführt werden.

Im komplexen Markt für logistische Dienstleistungen besteht für Neuanbieter, aber auch für bereits aktive Unternehmen, verstärkt die Gefahr, aufgrund von Managementfehlern oder hohen Markteintrittsbarrieren rasch wieder aus dem Markt gedrängt zu werden. Viele kleine und mittelständische Unternehmen verschwinden aber auch vom Markt, da sie aufgrund von Nachfolgeproblemen durch Konkurrenten übernommen werden oder der Unternehmer mit Erreichung des Rentenalters schlichtweg die Geschäftstätigkeit einstellt (vgl. BJELICIC 2003, S. 302).

Die derzeit wichtigsten Gründe für Marktaustritte sind jedoch in der Liberalisierung der Verkehrsmärkte, der Vollendung des europäischen Binnenmarktes in den 1990er Jahren sowie der EU-Osterweiterung im Jahre 2004 zu sehen. Obwohl dadurch der gesamte europäische Güterkraftverkehrsmarkt einem größeren Wettbewerbsdruck ausgesetzt wurde, sehen sich vor allem die deutschen Unternehmen benachteiligt[16]. Sie führen ihre Argumente auf die in den einzelnen Staaten unterschiedlich ausgestaltete Verkehrspolitik zurück. Die daraus entstandenen Wettbewerbsverzerrungen lassen sich wie folgt zusammenfassen (vgl. BARWIG 2003, S. 327f):

- unterschiedliche fiskalische Belastungen (Kfz-Steuer, Mineralölsteuer, Straßenbenutzungsgebühr)

  → die durchschnittliche Jahresabgabenbelastung eines deutschen 40-to-Lkw´s liegt im Schnitt 2.000 bis 3.000 € höher als in Belgien, Dänemark oder den Niederlanden.

- unterschiedliche Kontrolldichten der Sozialvorschriften (Lenk- und Ruhezeiten) sowie bei der Ahndung von Verstößen

  → deutsche Lkw sind im Schnitt mit 1,5 Fahrern besetzt, ausländische dagegen nur mit 1,1 Fahrern.

- unterschiedliche Zulassungsvorschriften bezüglich der Maße und Gewichte von Lkw

  → Während z.B. in Holland das zulässige Gesamtgewicht auf 50 Tonnen erhöht worden ist, sind es in Deutschland derzeit nur 40 Tonnen. Somit können die neu-

---

[16] Im 10-Jahreszeitraum von 1991 bis 2001 haben sich die Insolvenzen in den Wirtschaftsbereichen Straßenverkehr, Spedition und Lagerei mehr als vervierfacht. Absolut betrachtet sind sie von 349 auf 1.619 Fälle gestiegen (vgl. BGL o.J., S. 26).

en Lkw-Modelle der Hersteller, die teilweise auf 50 bis 60 Tonnen zulässiges Gesamtgewicht ausgelegt sind und zudem ca. 25% weniger Sprit verbrauchen, von deutschen Unternehmen nicht eingesetzt werden.

- unterschiedliche Subventionspraktiken

  → aufgrund von z.B. Mineralölsteuerrückerstattungen ergeben sich für ausländischen Transportunternehmen (z.B. aus Frankreich) Wettbewerbsvorteile, die sich auf bis zu 5.000 € pro Lkw beziffern.

- graue Kabotage[17] und Sozialdumping

  → da Löhne und Sozialabgaben in osteuropäischen Staaten nur knapp ein Zehntel der entsprechenden Werte in Deutschland betragen, können von solchen Transportunternehmen Preise angeboten werden, die bis zu 30% unter denen deutscher Unternehmen liegen.

2.1.2 Fusionen und Übernahmen

Um sich im globalen Wachstumsmarkt Logistik bestmöglich positionieren und profilieren zu können, stellen Fusionen und Übernahmen (=Mergers & Acquisitions, M&A) derzeit die wichtigsten Prozesse auf Unternehmensebene dar (vgl. BJELICIC 2003, S. 292). Unterschieden werden kann hierbei zwischen horizontalen, vertikalen und konglomeraten Unternehmenszusammenschlüssen (s. Abbildung 4). Im Transport- und Speditionssektor sind jedoch überwiegend horizontale M&A-Aktivitäten von Bedeutung (vgl. ABERLE 2003a, S. 87).

M&A-Aktivitäten werden hauptsächlich von mittelgroßen bis großen Anbietern durchgeführt und verfolgen das Ziel, eigene Angebotslücken im Leistungskatalog bzw. hinsichtlich der geographischen Flächendeckung zu schließen. Durch die Übernahme potentieller Mitbewerber werden tendenziell größere Marktanteile erzielt und folglich die Eintrittsbarrieren für „new entrants" möglichst hoch gehalten. Im Vergleich zu zeit- und kapitalintensiven Investitionen in den eigenständigen Aufbau neuer Geschäftsfelder (=internes Wachstum), ist dieses durch M&A-Aktivitäten vorangetriebene externe Firmenwachstum oftmals der schnellere, zielgerichtetere und langfristig gesehen auch kostengünstigere Weg um sich im Markt behaupten zu können.

[17] „Unter grauer Kabotage versteht man den Einsatz von Fahrpersonal aus Drittstaaten (MOE-Staaten) auf im EWR zugelassenen Fahrzeugen" (BARWIG 2003, S.328).

Formen von M&A-Aktivitäten in der Transportwirtschaft

horizontal	vertikal	konglomerat
Zusammenschluss von Unternehmen mit gleichem oder ähnlichem Leistungsangebot z.B. von Speditionen und Frachtführern	Zusammenschluss von Unternehmen aus verschiedenen Produktionsstufen entlang der Wertschöpfungskette z.B. von produzierendem Gewerbe und Frachtführern oder Speditionen	Zusammenschluss von Unternehmen aus verschiedenen Branchen z.B. von Verkehrsunternehmen und Banken oder Versicherungen

Abbildung 4: Formen von M&A-Aktivitäten in der Transportwirtschaft
Quelle: ABERLE 2003a, S. 87, leicht verändert

Die Praxis zeigt jedoch, das kleinere M&A-Aktivitäten oftmals wirtschaftlich erfolgreicher sind als so genannte Megafusionen. Dies liegt vor allem daran, dass für den Übernahmekandidaten häufig ein zu hoher Preis gezahlt und dass andererseits die notwendige Integrationszeit häufig unterschätzt wird. Obwohl bereits Marktanteilsverschiebungen in Richtung zu Großunternehmen zu verzeichnen sind, belegen empirische Studien jedoch deutlich, dass Großunternehmen nicht unbedingt profitabler wirtschaften als KMU. Dennoch wird davon ausgegangen, dass große internationale und interkontinentale M&A-Aktivitäten in Zukunft weiter an Bedeutung gewinnen werden (vgl. BJELICIC 2003, S. 295ff).

Als Beispiele für die M&A-Philosophie können die ehemaligen staatlichen Postunternehmen herangezogen werden. Nachdem sie durch die Deregulierungspolitik das nationale Monopol für KEP-Dienste verloren hatten, sind zunächst neue leistungsstarke Anbieter wie z.B. UPS (United Parcel Service), DPD (Deutscher Paketdienst), FEDEX (Federal Express) oder TNT (Thomas Nationwide Transport) in die angestammten Märkte eingedrungen. Im Zuge der Privatisierung erfolgte bei den Postunternehmen jedoch eine strategische Neubewertung der Geschäftsfelder. So begannen sie sich als Logistikpartner der Wirtschaft zu definieren. Die nötige Profilierung im Transport- und Logistikmarkt erfolgte größtenteils durch zahlreiche M&A-Aktivitäten. Erwähnt seien hier nur einige Übernahmen der Deutsche Post World Net AG: Erwerb der schweizerischen Großspedition Danzas AG, Mehrheitsbeteiligung am KEP-Dienst DHL und am Luftexpressdienst Air Express International sowie die Integration von weiteren 26 europäischen Paket- und Expressdienstleistern (vgl. ABERLE 2003b, S. 282f; KRUSE 2003, S. 437ff).

2.1.3 Kooperationen und strategische Allianzen

„Unter einer Kooperation kann ganz allgemein die Zusammenarbeit von rechtlich selbständigen Unternehmen verstanden werden. Das wesentliche Kennzeichen einer Kooperation ist, dass die zusammenarbeitenden Unternehmen ihre wirtschaftliche Selbständigkeit durch einfache gegenseitige Vereinbarungen, durch die Übertragung bestimmter Teilaufgaben auf eine gemeinsam getragene Organisation oder ein Spezialunternehmen, eine Zusammenfassung ihrer Unternehmen unter eine einheitliche Leitung oder eine gegenseitige kapitalmäßige Verflechtung mehr oder minder eingeschränkt haben" (KÖBERLEIN 1997, S. 82). Kooperationen können einerseits durch staatliche Maßnahmen gefördert bzw. erzwungen werden, andererseits jedoch auch auf freiwilligen Entscheidungen der jeweiligen Unternehmen beruhen. Mit Interessensgemeinschaften und strategischen Allianzen haben sich aufgrund von Marktstrukturveränderungen seit den 1970er Jahren auch neue Formen der freiwilligen Kooperation herausgebildet. Aufgrund der vorliegenden Fragestellung werden in dieser Arbeit jedoch nur freiwillige Kooperationen im Sinne strategischer Allianzen behandelt[18].

Strategische Allianzen verfolgen im Allgemeinen ähnliche Ziele wie M&A-Aktivitäten. An oberster Stelle stehen hierbei die Sicherung und Stärkung der eigenen Marktposition gegenüber Wettbewerbern sowie die (geographische) Ausweitung des Netzwerkes und der Leistungsfelder. Trotz dieser gemeinsamen Ziele stellen sie im Verhältnis zu M&A-Aktivitäten jedoch oftmals die günstigere Variante dar. So müssen einerseits keine kostspieligen Unternehmenskäufe getätigt und andererseits kein weitreichendes eigenes Filialnetz aufgebaut werden. Darüber hinaus können die bei der Weiterentwicklung von Leistungen anfallenden Investitionen auf mehrere Partner verteilt werden.

Das Eingehen einer Partnerschaft verlangt jedoch auch unternehmerisches Umdenken, die Bereitschaft zu strukturellen und organisatorischen Veränderungen sowie die bewusste Einordnung unternehmerischer Einzelinteressen in die Notwendigkeit des kooperativen Verbundes (vgl. BGL 2003, S. 116). Dennoch stellen Kooperationen für viele KMU oftmals die einzige Möglichkeit dar, die Selbständigkeit und den Erhalt des eigenen Unternehmens zu sichern und sich im Wettbewerb gegenüber den Marktgrößen behaupten zu können.

Als Beispiele für Kooperationen, im Sinne von strategischen Allianzen, können der von mittelständischen Speditionen gegründete DPD (Deutscher Paketdienst) sowie der ebenfalls von mittelständischen Spediteuren getragene Express- und Paketdienst German Parcel angeführt werden (vgl. ABERLE 2003a, S. 85).

[18] Beispiele und Gründe für staatlich geförderte und erzwungene sowie andere freiwillige Kooperationen finden sich bei ABERLE (2003a, S. 78ff) und KÖBERLEIN (1997, S. 82ff).

2.2 Wandel der Leistungsbilder

2.2.1 Ursachen

Der Wandel der Leistungsbilder im Transport- und Speditionsgeschäft ist vorwiegend auf veränderte Anspruchspotentiale der Nachfrager zurückzuführen. So haben sich im Zuge politischer und ökonomischer Veränderungen die Anforderungen der verladenden Wirtschaft bezüglich Quantität (z.B. Sendungsgrößen, Transportabfolge) und Qualität (z.B. Termintreue, Lieferflexibilität) von Transport- und Logistikleistungen in den letzten Jahren und Jahrzehnten grundlegend verändert. Die wichtigsten Gründe für diese Nachfrageverschiebungen lassen sich wie folgt zusammenfassen:

- Globalisierung der Märkte

  Die Folge der Globalisierung ist eine veränderte internationale Arbeitsteilung. Durch die Schaffung neuer Wirtschaftsräume, wie z.B. dem europäischen Binnenmarkt, und den internationalen Abbau von tarifären und nichttarifären Handelshemmnissen können viele Unternehmen Kostenvorteile realisieren und weiten diesbezüglich ihre Beschaffungs-, Produktions- und Absatzlogistik auf den Weltmarkt aus (vgl. BAUMGARTEN u. WIEGAND 1999, S. 794ff).

- Kundenorientierung in Industrie und Handel

  Sowohl Industrie- als auch Handelsunternehmen haben die Bedeutung von Zeit-, Qualitäts- und Flexibilitätsaspekten einer durchgängigen Kundenausrichtung erkannt. Um schnellstmöglich auf verändertes Nachfrageverhalten reagieren zu können, wird die betriebliche Logistik zunehmend vom Push-Prinzip auf die Anwendung des Pull-Prinzips umgestellt. Das bedeutet, dass Güter und Waren nicht mehr auf Vorrat produziert und vom Lieferanten zum Kunden transportiert werden, sondern dass sie zunächst vom Kunden beim Lieferanten abgerufen bzw. bestellt und erst anschließend nach individuellen Vorgaben produziert und zugestellt werden (vgl. BAUMGARTEN u. WIEGAND 1999, S. 787).

- Umstrukturierungsprozesse in der Wertschöpfungskette

  Um sich im Wettbewerb besser behaupten zu können haben in den letzten Jahren viele Unternehmen ihre Geschäftsfelder analysiert und neu ausgerichtet. Unter dem Stichwort „Konzentration auf Kernkompetenzen[19]" kam es so zu weitreichenden Umstrukturierungen des betrieblichen Leistungsprozesses. Im Zuge von so

[19] Unter einer Kernkompetenz versteht man eine spezifische Fähigkeit bzw. ein Potential eines Unternehmens mit folgenden 3 Eigenschaften: (1) Marktzugang: Sie verschafft dem Unternehmen einen potentiellen Zugang zu unterschiedlichen Märkten; (2) Differenzierung: Sie erlaubt dem Unternehmen, sich über das Produkt am Markt zu differenzieren und dadurch einen Wettbewerbsvorteil zu erzielen; (3) Imitationsschutz: Sie ist für potentielle Konkurrenten schwer kopier- oder imitierbar (vgl. BLOECH u. IHDE 1997, S. 217)

genannten Make-or-Buy-Entscheidungen[20] wurden diesbezüglich vor allem logistische Aktivitäten und Bereiche, die nicht zu den Kernkompetenzen zu zählen sind, aus dem eigenen Betrieb an externe Dienstleister fremd vergeben (vgl. MEHLDAU u. SCHNORZ 1999, S. 846).

2.2.2 Folgen und Auswirkungen

Durch die eben beschriebenen Veränderungen in der Wirtschaftswelt sehen sich die Transport- und Speditionsunternehmen neuen Herausforderungen ausgesetzt. Neben einer hohen Zuverlässigkeit der primären Leistungserstellung hinsichtlich Zeit, Qualität, Service und Kosten werden von den Verladern aber auch eine hohe Flexibilität in organisatorischer und technischer Hinsicht (z.B. bezüglich der Einstellung auf Nachfrageschwankungen) sowie eine versierte fachliche Kompetenz erwartet (vgl. MEHLDAU u. SCHNORZ 1999, S. 846).

Da das speditionelle Kerngeschäft und die reine Frachtführertätigkeit durch eine hohe Wettbewerbsintensität, eine leichte Austauschbarkeit der angebotenen Leistungen und eine niedrige Wertschöpfung gekennzeichnet sind, versuchen deshalb viele Transport- und Speditionsunternehmen solche Marktfelder neu in ihren Leistungskatalog aufzunehmen, durch welche sich einerseits höhere Wertschöpfungsanteile erzielen lassen und welche andererseits durch geringere Austauschmöglichkeiten zwischen konkurrierenden Anbietern gekennzeichnet sind (vgl. ABERLE 2003a, S. 89). Mit dem Ziel einer kundenspezifischen Individualisierung der angebotenen Leistungen und der Aussicht auf größere Wettbewerbsvorteile werden die traditionellen Tätigkeiten hierbei v.a. durch logistische Ergänzungs- und Sonderleistungen (vgl. Kap. B, Punkt 1.2.4) angereichert.

Durch dieses Insourcing von neuen Tätigkeitsfeldern entwickeln sich die klassischen Transport- und Speditionsfirmen zu universellen Logistikdienstleistern. Es muss jedoch erwähnt werden, dass dieser Wandel nicht bei allen Leistungsanbietern in gleichem Umfang stattfindet. Aufgrund ihrer von Haus aus auf dispositive Aktivitäten ausgerichteten Geschäftstätigkeit sind Speditionen eindeutig häufiger davon betroffen. Der Ausbau der logistischen Funktionen ist jedoch oftmals mit einem Rückzug aus der Frachtführertätigkeit verbunden. So ist die Speditionsbranche seit Jahren durch einen deutlichen Rückgang des Selbsteintritts gekennzeichnet. Reine Transportleistungen werden stattdessen immer häufiger bei Frachtführern eingekauft (vgl. ABERLE 2003b, S. 280). Der Großteil der als Frachtführer tätigen Unternehmen wird dagegen, abgesehen von einigen Ausnahmen, auch weiterhin rein operative

[20] Make-or-Buy-Entscheidungen sind strategische Unternehmensentscheidungen, welche primär klären sollen, ob einzelne Arbeitschritte und -prozesse durch das eigene Unternehmen selbst ausgeführt werden sollen oder ob durch eine Fremdvergabe an externe Unternehmen zusätzliche Kostensenkungspotentiale erschlossen werden können. Seit der Deregulierung des Verkehrmarktes in den 1990er Jahren ist vor allem das outsourcing der Werkverkehre bzw. der Betriebslogistik zu verzeichnen.

Aufgaben des TUL-Geschäfts ausführen (vgl. ZENTES u. MORSCHETT 2003, S. 428). Neben dieser Trennung von Transport- und Speditionsunternehmen ist zusätzlich noch eine Unterscheidung hinsichtlich der Betriebsgröße vorzunehmen. Viele kleine, lokal und regional agierende Transport- und Speditionsbetriebe sind mit dem Tagesgeschäft mehr als ausgelastet. Zudem fehlen ihnen die personellen, zeitlichen und finanziellen Ressourcen für einen Ausbau ihrer Tätigkeitsfelder. Deshalb findet dieser Wandel bzw. dieser Ausbau der Leistungsfelder überwiegend bei den mittelständischen Unternehmen und den Großbetrieben statt.

Neben einer partiellen Erweiterung der Leistungsfelder stellt das umfassende Konzept der Kontraktlogistik das derzeit wichtigste und wachstumsstärkste Marktfeld für Transport- und Speditionsunternehmen dar[21]. Auf Basis eines langfristigen und individuell ausgestalteten Rahmenvertrages vergibt der Verlader[22] hierbei umfassende logistische Funktionen exklusiv an einen externen Dienstleister. Im Gegensatz zu den klassischen Verlader-Dienstleister-Beziehungen am so genannten „Spotmarkt"[23] ist das Geschäft der Kontraktlogistik somit im Idealfall durch mehrjährige Partnerschaften und eine weitaus höhere Bindungsfestigkeit der Vertragspartner gekennzeichnet. Da der Dienstleister mit seinen eigenen Ressourcen weitgehend in die vorhandene Wertschöpfungskette und die betrieblichen Abläufe des Auftraggebers integriert werden muss (und umgekehrt), ist dieses Marktfeld beiderseits mit umfassenden Vorleistungen und Investitionen verbunden und somit durch gegenseitige Abhängigkeiten gekennzeichnet. Indem durch Kontraktlogistik Marktführerqualitäten in Nischenbereichen erworben werden können, bietet sich vor allem für mittelständische Unternehmen die Chance, sich den beschriebenen Konzentrationstendenzen zu entziehen und somit weitgehend ihre Unabhängigkeit und Selbständigkeit zu bewahren (vgl. BLOECH u. IHDE 1997, S. 230f).

---

[21] KLAUS (2003, S. 5f) schätzt das theoretisch mögliche Kontraktlogistik-Umsatzpotential auf € 60 Mrd. Da es bisher jedoch lediglich zu 20% ausgeschöpft ist, rechnet er in den nächsten Jahren mit jährlichen Wachstumsraten von 15 – 20%.

[22] Die Begriffe Verlader bzw. verladende Wirtschaft sind innerhalb der Transportwirtschaft sehr häufig verwendete Ausdrücke. Sie sind ein Allgemein- bzw. Sammelbegriff für jegliche Arten von Nachfragern für Transport- und Logistikleistungen. Entgegen der häufigen Verwendung im Sprachgebrauch sind sie jedoch weder im Handelsgesetzbuch noch in den Allgemeinen Deutschen Spediteurbedingungen oder dem Güterkraftverkehrsgesetz erwähnt bzw. definiert.

[23] Die Bezeichnung „Spotmarkt" bezieht sich auf den schnelllebigen Markt für Basisdienstleistungen (TUL), der aufgrund eines hohen Preiswettbewerbs innerhalb der Branche durch häufig wechselnde Vertragspartner gekennzeichnet ist.

3. Die betriebliche Standortwahl

3.1 Betriebswirtschaftliche Einordnung der Standortwahl

Als Standort wird jener geographische Ort bezeichnet, an dem ein Unternehmen seine Produktionsfaktoren zur betrieblichen Leistungserstellung einsetzt. Während im Falle von Einbetriebsunternehmen sämtliche Leistungen an einem einzelnen Standort erbracht werden, verteilen sich die einzelnen Management-, Produktions- und Vertriebsstufen von Mehrbetriebsunternehmen auf verschiedene Standorte. Aus betriebswirtschaftlicher Sicht wird generell zwischen einer innerbetrieblichen und einer außerbetrieblichen Standortwahl unterschieden. Die innerbetriebliche Standortwahl, auch als Layoutplanung bezeichnet, ist für vorliegende Untersuchung jedoch nicht von Bedeutung. Sie umfasst in der Regel die Festlegung der Lage der einzelnen Arbeitsplätze und Funktionsbereiche innerhalb des Betriebsgeländes bzw. der Betriebsgebäude zueinander und verfolgt das Ziel, die innerbetrieblichen Transportwege bzw. –kosten weitgehend zu minimieren. Dagegen beschäftigt sich die außerbetriebliche Standortwahl mit der Bestimmung des geographischen Standortes von Unternehmen bzw. von einzelnen Unternehmensteilen. In diesem Sinne stellt sie eine konstitutive Entscheidung dar, die den allgemein gültigen Handlungsrahmen für ein Unternehmen auf lange Sicht festlegt (vgl. JUNG 2004, S. 57f).

Die Gründe einer zu treffenden Standortwahl sind vielfältig. Einerseits kann der Unternehmer infolge einer Betriebsneugründung erstmalig vor die Standortwahl gestellt werden. Hierbei werden häufig Standorte in direkter Nachbarschaft zu oder in Einheit mit dem Wohnort gewählt. Aufgrund von kapazitativen Engpässen (z.B. Flächen- oder Personalmangel sowie infrastrukturelle Missstände) oder ungünstigen Kostenstrukturen (z.B. Steuern, Abgaben, Subventionen) am bestehenden Standort, können jedoch auch bereits bestehende Betriebe mit einer neuen Standortproblematik konfrontiert werden. Deshalb gewinnen strategische Fragen der Standortspaltung und/oder der kompletten Standortverlagerung in jüngerer Vergangenheit zunehmend an Gewicht (vgl. KREIS 1998, S. 192ff; JUNG 2004, S. 58f).

Alles in allem handelt es sich bei der Standortwahl somit um eine investitive Mittelentscheidung zur Erreichung von Unternehmenszielen. Während die traditionelle Theorie der Unternehmung das Motiv der Gewinnmaximierung als oberste Zielvorstellung deklariert, lassen sich in der Realität jedoch noch weitere Zielabsichten unterscheiden. Hierzu zählen unter anderem das Streben nach Macht, Einfluss und Unabhängigkeit sowie das Handeln aufgrund subjektiver Wertvorstellungen und individual-ethischer Verhaltensweisen. Bei Entscheidungen über wirtschaftliche Standorte spielen neben den rational-ökonomischen somit auch soziale Motive und Verhaltensweisen eine wichtige Rolle (vgl. SCHÄTZL 1998, S. 28f).

3.2 Standortfaktoren

Der Begriff des Standortfaktors geht auf ALFRED WEBER zurück. In seinem 1909 erschienenen standorttheoretischen Grundlagenwerk „Über den Standort der Industrie“ versteht er unter einem Standortfaktor „einen seiner Art nach scharf abgegrenzten Vorteil, der für eine wirtschaftliche Tätigkeit dann eintritt, wenn sie sich an einem bestimmten Ort, oder auch generell an Plätzen bestimmter Art vollzieht“ (WEBER 1909, S. 16). Für eine räumliche Bezugseinheit impliziert diese Definition folglich eine positive Ausprägung derjenigen Variablen, die den unternehmerischen Prozess der Leistungserstellung und/oder -verwertung vorteilhaft beeinflussen. Ein Standortfaktor ist somit „als ein Vorteil definiert, der für eine bestimmte Nutzung an einer Örtlichkeit gegeben und erkannt ist. In dieser Situation werden Elemente der Raumausstattung, die als Potentiale im ökonomischen Sinne unbewertet sind, zu bewerteten Standortfaktoren“ (VOPPEL 1999, S.39).

Von Seiten der betriebswirtschaftlichen Standortbestimmungslehre wurden in der Vergangenheit umfangreiche sektor- und branchenspezifische Standortfaktorenkataloge erstellt. Diesbezüglich bleibt jedoch kritisch anzumerken, dass diese in der Praxis lediglich zur groben Orientierung dienen können. So variieren die Standortanforderungen nicht nur von Wirtschaftszweig zu Wirtschaftzweig, sondern zum Teil auch zwischen einzelnen Betrieben des gleichen Wirtschaftszweiges beachtlich (vgl. JUNG 2004, S. 60f). Darüber hinaus ist die Ausprägung bzw. die Relevanz einzelner Standortfaktoren im Zeitverlauf nicht konstant, sondern vielmehr einem stetigen Wandel unterworfen. Insbesondere durch wirtschaftspolitische Entscheidungen, technischen Fortschritt sowie Veränderungen sozio-ökonomischer Werthaltungen können sich die Vorzeichen grundlegend verändern (vgl. BLOECH u. IHDE 1997, S. 982). Beispielsweise besitzen die Transportkosten, deren Anteil an den Gesamtkosten sich aufgrund von Verbesserungen im Verkehrssystem sukzessive reduziert hat, gegenwärtig nur mehr einen marginalen bzw. untergeordneten Erklärungswert für Standortentscheidungen. Vielmehr spielen in vielen Fällen qualitative Aspekte des Arbeitsmarktes oder auch das Vorhandensein einer hochwertigen Infrastruktur zum Aufbau intensiver Austausch- und Verflechtungsbeziehungen eine wesentlich bedeutendere Rolle (vgl. BATHELT u. GLÜCKLER 2002, S. 145f).

Aus diesem Grund unterscheidet die Standortlehre seit den 1970er Jahren grundsätzlich zwischen so genannten harten und weichen Standortfaktoren. Unter dem Begriff der harten Standortfaktoren subsumieren sich hierbei die klassischen Kostenfaktoren der industriellen Standortlehre. Sie sind in der Regel quantitativ messbar und schlagen sich direkt in der Kosten- und Ertragsrechnung eines Unternehmens nieder. Die Kategorie der weichen Standortfaktoren beinhaltet dagegen sämtliche Gegebenheiten und Rahmenbedingungen die einerseits nur sehr schwer mess- bzw. quantifizierbar sind und welche andererseits von den Entscheidungsträgern subjektiv wahrgenommen und bewertet werden. Das Problem der weichen Standortfaktoren besteht jedoch darin, dass es sich hierbei um rein empirische Konstrukte ohne jegliche theoretische Basis handelt (vgl. BATHELT u. GLÜCKLER 2002, S. 145f).

Abbildung 5 gibt diesbezüglich einen systematischen Überblick zu den fünf wichtigsten Standortfaktorkategorien. Neben den klassischen Faktoren der Leistungserstellung und –verwertung sind hierzu insbesondere auch infrastrukturelle Faktoren und Agglomerationsfaktoren sowie subjektiv wahrgenommene Faktoren zu zählen. Vor allem in den mittleren Kategorien können sowohl harte als auch weiche Standortfaktoren auftreten. Bei der hier gewählten Systematik handelt es sich jedoch um keine bindende Abgrenzung. Einzelne Faktoren können deshalb durchaus auch verschiedenen Kategorien zugeordnet werden.

Zu den input-Faktoren sind überwiegend Fragen bezüglich der quantitativen und qualitativen Verfügbarkeit der betrieblichen Produktionsfaktoren und deren spezifischer Kostenstruktur zu zählen. Auf der Seite der output-Faktoren finden sich dagegen sämtliche Gesichtspunkte hinsichtlich der Absatz- und Konkurrenzsituation der Unternehmen wieder.

Der Bereich der Infrastruktur beinhaltet die Gesamtheit der institutionellen, materiellen und personellen Einrichtungen und Gegebenheiten die einem Betrieb an einem bestimmten Standort zur Verfügung stehen. Während die institutionellen Aspekte aufgrund ihrer klaren Kostenausrichtung noch eindeutig den harten Standortfaktoren zuzurechnen sind, spielen bei der materiellen und der personellen Infrastruktur dagegen auch weiche Standortfaktoren eine gewisse Rolle.

Bei Agglomerationsfaktoren handelt es sich im Wesentlichen um betriebliche Vorteile (positive Ersparnisse) oder Nachteile (negative Ersparnisse), die aufgrund einer räumlichen Konzentration von ökonomischen Aktivitäten entstehen. Agglomerationsvorteile können sich in Form von internen und externen Ersparnissen[24] auf die jeweiligen Unternehmen auswirken. Grundsätzlich bleibt anzumerken, dass Agglomerationsvorteile in der Regel konzentrationsfördernd wirken, von Agglomerationsnachteilen dagegen eher eine dezentralisierende Wirkung ausgeht. Häufig findet sich auch eine Unterscheidung in so genannte push- und pull-Faktoren. Während pull-Faktoren diejenigen Standortvorteile einer Region darstellen, die eine Ausübung wirtschaftlicher Tätigkeiten positiv beeinflussen, handelt es sich bei den push-Faktoren um sämtliche negativ wirkenden Rahmenbedingungen, welche die wirtschaftliche Entwicklung hemmen und somit eine Abwanderung von Betrieben begünstigen.

Das Hauptmerkmal der subjektiv wahrgenommenen Standortfaktoren liegt darin, dass sie sich jeglicher rational-ökonomischen Begründung entziehen und von jedem Individuum entsprechend seinen Präferenzen und Vorstellungen anders interpretiert werden.

[24] Unter internen Ersparnissen (large scale economies; economies of scale) versteht man eine, durch Kapazitätsausweitungen hervorgerufene, Senkung der Durchschnittskosten. Externe Ersparnisse sind dagegen Kostenvorteile die sich aufgrund einer räumlichen Konzentration von Betrieben der gleichen Branche (localisation economies) oder von Betrieben aus unterschiedlichen Branchen (urbanization economies) ergeben (vgl. LESER 1997, S. 155, 191).

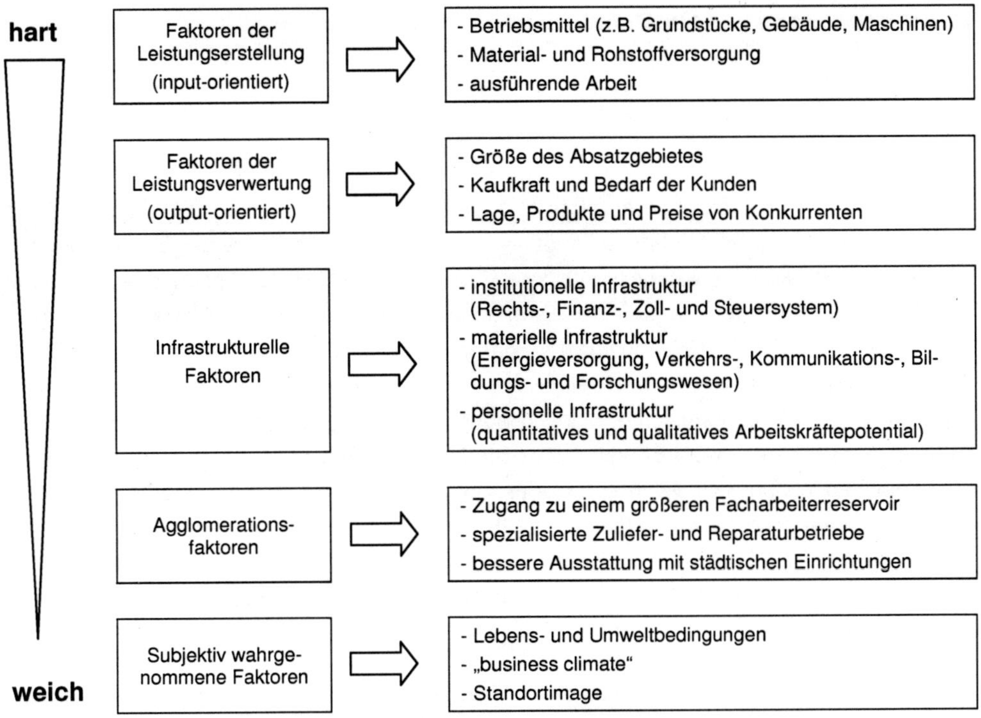

Abbildung 5: Überblick zu den wichtigsten Standortfaktorkategorien

Quellen: JUNG 2004, S. 61; SCHÄTZL 1998, S. 29ff; BATHELT u. GLÜCKLER 2002, S. 146; eigene Darstellung

3.3 Erklärungsansätze zur Standortwahl

3.3.1 Standorttheoretischer Ansatz

3.3.1.1 Konzeption

Die Ursprünge des standorttheoretischen Ansatzes gehen auf VON THÜNEN zurück. Mit der „Theorie der Landnutzung" führte er im Jahre 1826 erstmals die Frage der ökonomisch kalkulierten Standortwahl als wissenschaftliches Problem in die Nationalökonomie ein. Während sich sein Ansatz auf den Bereich der agrarischen Bodennutzung beschränkte, wurden im Jahre 1909 durch WEBERS „Industriestandorttheorie" und im Jahre 1933 durch CHRISTALLERS „Theorie der Zentralen Orte" auch der sekundäre und der tertiäre Wirtschaftssektor Gegenstand standorttheoretischer Modellbildung. Die Ansätze von LÖSCH („Theorie der Marktnetze", 1942) und VON BÖVENTER („Struktur der Wirtschaft", 1962) greifen Teile dieser Partialtheorien auf um sie in einer umfassenden Theorie der räumlichen Ordnung der Wirtschaft zu integrieren (vgl. WAGNER 1998, S. 63ff). Obwohl standortbezogene Theorieansätze bereits seit Mitte des 19. Jahrhunderts Einzug in die Wirtschaftswissenschaften gehalten haben, konnten sie sich im Bereich der (wirtschafts-) geographischen Forschung erst knapp 100 Jahre später etablieren.

Obwohl somit für jeden Wirtschaftssektor Theorien zur unternehmerischen Standortwahl vorliegen, können diese jedoch nicht ohne weiteres auf das Forschungsproblem dieser Arbeit übertragen werden. Während die Theorie der landwirtschaftlichen Bodennutzung ohnehin nicht in Betracht zu ziehen ist, kann das Transport- und Speditionsgewerbe aber auch nicht dem sekundären oder dem unter CHRISTALLER verstandenen tertiären Sektor zugeordnet werden. Vielmehr handelt es sich hierbei größtenteils um sektorunabhängige (Hilfs-) Dienstleistungen, die aufgrund ihrer spezifischen Leistungserstellung als Bindeglied zwischen den einzelnen Teilen der betrieblichen Wertschöpfungskette zu sehen sind. Deshalb wird im Folgenden auch nicht explizit auf eine bestimmte Standorttheorie eingegangen. Vielmehr soll die den einzelnen Theorieansätzen gemeinsam zugrunde liegende Systematik zusammenfassend dargestellt werden.

Dieser als Raumwirtschaftslehre bezeichnete Erklärungsansatz erhebt den grundlegenden Anspruch, mittels einer umfangreichen Theorie- bzw. Modellbildung allgemeingültige Aussagen und Gesetzmäßigkeiten über die optimale räumliche Ordnung der Wirtschaft zu ermitteln. Es handelt sich hierbei also um einen normativen Ansatz, der zu klären versucht, was unter bestimmten (Labor-) Bedingungen passiert. Sein Erklärungshorizont beschränkt sich auf rein ökonomisch motivierte Standortentscheidungen, sämtliche nicht-ökonomischen Entscheidungsmotive, politischen Rahmenbedingungen oder administrative Vorgaben bleiben bei der Analyse außen vor. Um die komplexen räumlichen Zusammenhänge weitgehend vereinfachen und auf das Wesentliche beschränken zu können werden vorab restriktive und idealtypische Grundannahmen bezüglich des Menschenbildes und der Raum- bzw. Wettbewerbsstruktur getroffen (=Methode der isolierten Abstraktion). Diesbezüglich greifen alle

Theorieansätze auf das Denkmuster der klassischen, normativen Wirtschaftstheorie[25] zurück (vgl. BATHELT und GLÜCKLER 2002, S. 26f; WAGNER 1998, S. 64f).

Die wichtigste Annahme stellt das idealisierte Menschenbild des homo oeconomicus dar. Ein Individuum handelt demnach stets nach dem ökonomischen Prinzip der Gewinn- bzw. Nutzenmaximierung. Damit ist gemeint, dass mit einem gegebenen Mitteleinsatz der größtmögliche Erfolg oder ein vorgegebenes Ziel mit dem geringsten Mitteleinsatz erreicht werden soll. Diesbezüglich verfügt der homo oeconomicus über eine vollständige Information und über ein widerspruchsfreies Zielsystem ohne Zielkonflikte. Deshalb handelt er stets nach rationalen Gesichtspunkten (vgl. BPB 2000, S. 14).

Neben dem idealtypischen Menschenbild wird zudem von der Homogenität des wirtschaftlichen Systems ausgegangen. Demnach ist der Wirtschaftsraum als eine unbegrenzte, ebene Oberfläche ohne Mobilitätsbarrieren zu betrachten. Infolge eines einheitlichen Transportsystems ist Mobilität uneingeschränkt in jede Richtung und zu gleichen Preisen möglich. Die Transportkosten sind dabei direkt proportional zur Entfernung. Des Weiteren sind die physischen Ressourcen oder auch die Nachfrage gleichmäßig im Raum verteilt oder es ist zumindest deren Verteilung bekannt (vgl. DICKEN und LLOYD 1999, S. 22).

3.3.1.2 Kritische Bewertung

„Es ist zwar richtig, dass Theorien und Modelle nicht in der Lage sind, die komplexe Realität einer Raumstelle in allen Einzelheiten und ihrer Individualität zu erfassen. Aber gerade durch die bewusste Beschränkung auf wesentliche, den räumlichen Differenzierungsprozess bestimmende Faktoren und durch die Möglichkeit, sozusagen unter Laborbedingungen, Modellvariable kontrolliert verändern zu können, leisten Theorien und Modelle einen entscheidenden Beitrag, den Wirkungsmechanismus und die Dynamik ökonomischer Systeme zu erklären" (SCHÄTZL 1998, S.18).

---

[25] Unter der klassischen Wirtschaftstheorie versteht man die Denkansätze der klassischen englischen Ökonomen ADAM SMITH, JOHN STUART MILL, DAVID RICARDO oder ROBERT MALTHUS, die vom späten 18. Jahrhundert bis ins erste Drittel des 20. Jahrhunderts vorherrschten. Objekt der klassischen Analyse ist das wirtschaftliche Handeln des Individuums, das vor allem durch Eigennutz erklärt wird (utilitaristischer Ansatz). Das eigennützige Handeln vermehrt jedoch nicht nur die eigene Wohlfahrt, sondern dient gleichzeitig auch dem Gemeinwohl. Darüber hinaus wird davon ausgegangen, dass die unsichtbare Hand des Marktes aufgrund des Sayschen-Theorems, wonach jedes Angebot mit einer entsprechenden Nachfrage einhergeht, zu wirtschaftlichem Gleichgewicht führt. Hieraus gründet sich auch die Forderung des klassischen Liberalismus nach individueller Freiheit bei weitestgehender Zurückhaltung des Staates (laisser-faire-Prinzip). Obwohl keine einheitliche klassische Theorie existiert, sind den verschiedenen Ansätzen die utilitaristische Auffassung sowie die Vorstellung eines allgemeinen ökonomischen Gleichgewichts gemeinsam (vgl. HOHLSTEIN et al. 2003, S. 411f; PIEKENBROCK 2002, S. 205f;).

Was Schätzl noch als wichtiges Kennzeichen und als Vorteil des standorttheoretischen Ansatzes hervorhebt, greifen Kritiker oftmals auf um die Nachteile der modellorientierten Vorgehensweise darzustellen. VOPPEL (1999, S. 41f) ist deshalb der Meinung, dass aufgrund der zahlreichen, nicht berücksichtigten Faktoren, der Aussagewert bzw. die praktische Umsetzbarkeit der Standort- und Raumtheorien grundsätzlich in Frage zu stellen ist.

Eine um- bzw. zusammenfassende Aufstellung der Kritikpunkte findet sich bei BATHELT und GLÜCKLER (2002, S. 133ff):

- Homo oeconomicus

  Das Konzept des nur nach rationalen Gesichtspunkten handelnden Individuums lässt sich in der Praxis nicht bestätigen.

- Kausalität

  Die traditionelle Standorttheorie erklärt das wirtschaftliche Handeln der Akteure nicht ursächlich, sondern setzt es bereits in Modellen als normative Handlungsvorschriften voraus, denen die Akteure in der Realität angeblich folgen.

- Unternehmenskonzept

  Die traditionelle Standortlehre bezieht sich auf die Entscheidungen von Einbetriebsunternehmen. Heute ist dieses Unternehmenskonzept jedoch marktfern, da die gegenwärtige Wirtschaftslandschaft weitaus mehr durch komplexe Unternehmens- und Organisationsstrukturen gekennzeichnet ist. Standortentscheidungen von multinationalen Unternehmen und Unternehmenskonglomeraten finden aber nicht unter denselben Gesichtspunkten wie von Einbetriebsunternehmen statt.

- Kostenorientierung

  Die traditionelle Standortlehre leidet unter einer einseitigen Betonung der Kostenseite, insbesondere der Transportkosten. Heute spielen Transportkosten jedoch nicht mehr die dominante Rolle. So sind heute etwa drei Viertel aller Industrieunternehmen mit einem Transportkostenanteil von unter 5% als transportkostenunempfindlich anzusehen.

- Statik

  Die meisten Standorttheorien sehen die Standortwahl als Ergebnis eines einmaligen Entscheidungsprozesses bei gegebenen technologischen, wirtschaftlichen und gesellschaftlichen Rahmenbedingungen. Wiederholte Standortverlagerungen und Expansionstätigkeiten desselben Unternehmens infolge von Veränderungen der Standortanforderungen werden dagegen nicht berücksichtigt.

3.3.2 Verhaltenstheoretischer Ansatz

3.3.2.1 Konzeption

„Der verhaltenswissenschaftliche Ansatz (...) stellt eine spezielle Betrachtungsweise dar. Der Forscher ist an den Prozessen interessiert, die zu beobachtbaren Raumstrukturen führen. Um die räumlichen Strukturen zu erklären, muss man etwas von den zugrunde liegenden Verhaltensweisen wissen, die zu einer räumlichen Verteilung von einzelnen Phänomenen führen“ (WERLEN 2000, S. 267, zit. n. COX u. GOLLEDGE 1969, S. 2). Im Gegensatz zum standorttheoretischen Ansatz, der die Formalisierung und Objektivierung von Raumverhältnissen zum obersten Ziel der Forschung deklarierte, rücken mit dem verhaltenswissenschaftlichen Ansatz also die individuellen Raumwahrnehmungen, Bewusstseinsleistungen und Verhaltensweisen der Menschen als Erklärungsvariablen für räumliche Strukturen in den Mittelpunkt der Betrachtung (=„kognitive Wende“).

Diese kognitive Verhaltenstheorie ist eine Weiterentwicklung des klassischen Behaviorismus[26]. Anstatt der strikten Umweltdeterminierung des menschlichen Verhaltens besagt sie, dass äußere Reize vom Individuum selektiv wahrgenommen, zu Informationen verarbeitet bzw. interpretiert werden und zu einer verhaltensrelevanten Reaktion führen. Das menschliche Bewusstsein wird hierbei durch verschiedenste kognitive Faktoren, wie beispielsweise Bedürfnisse, Ansprüche, Motive und Einstellungen sowie sozio-kulturelle Werthaltungen beeinflusst (vgl. BRUNOTTE et al. 2002, S. 422f).

Im Verhältnis zu den klassischen und neoklassischen Standorttheorien der Raumwirtschaftslehre, liegt dem verhaltenstheoretischen Ansatz dagegen ein modifiziertes Menschenbild zugrunde. Das Konzept der begrenzten Rationalität („bounded rationality“) ist aus der Kritik an den wirklichkeitsfernen Annahmen bezüglich des homo oeconomicus entstanden und geht ursprünglich auf HERBERT SIMON zurück. Es begründet sich in dreierlei Hinsicht: (1) Unvollständigkeit des Wissens: Das Wissen und der Kenntnisstand über Entscheidungsalternativen ist immer fragmentarisch. Die dem homo oeconomicus unterstellte „Allwissenheit“ übersteigt die kognitiven Kapazitäten des Menschen jedoch bei weitem. (2) Schwierigkeit der Bewertung zukünftiger Ereignisse: Selbst wenn die Konsequenzen von Entscheidungsalternativen genau vorhersehbar wären, können zukünftige Ereignisse anders bewertet werden als ursprünglich angenommen wurde. (3) Begrenzte Auswahl an Entscheidungsalternativen: Aufgrund des unvollständigen Wissens können niemals alle möglichen Entscheidungsalternativen in Betracht gezogen werden (vgl. BERGER u. BERNHARD-MEHLICH 1999, S. 140f).

---

[26] Die klassische Verhaltenstheorie (Behaviorismus) gilt als einer der einflussreichsten Forschungsansätze der Psychologie und geht explizit davon aus, dass jegliches menschliches Verhalten eine Reaktion auf einen äußeren Reiz darstellt. Mit der Verwendung naturwissenschaftlicher Methoden versucht der klassische Behaviorismus Gesetzmäßigkeiten des menschlichen Verhaltens festzustellen. Durch direkte Beobachtung unter experimentellen Bedingungen (Reiz-Reaktions-Schema) soll dabei das menschliche Verhalten kausal, d.h. durch Rückführung auf eine bestimmte Ursache, erklärt werden (vgl. BRUNOTTE et al. 2001, S. 132f).

Individuen handeln demnach „zwar intentional rational, jedoch verhindern kognitive Grenzen der Informationsaufnahme und –verarbeitung, dass das Individuum objektiv rationale Entscheidungen treffen kann" (BERGER u. BERNHARD-MEHLICH 1999, S. 140). Der Prozess der Entscheidungsfindung erfolgt deshalb nicht unter optimalen sondern eher unter zufrieden stellenden und befriedigenden Gesichtspunkten. Aufgrund dieses reduzierten Anspruchsniveaus wird das ehemals postulierte „optimizing behavior" durch das „satisfying behavior" abgelöst.

In der Standortforschung zählt der verhaltenswissenschaftliche Erklärungsansatz von ALLEN PRED zu den bekanntesten. Grundsätzlich geht er davon aus, dass jede Standortentscheidung vom Informationsstand und der Fähigkeit der Informationsverarbeitung des jeweiligen Individuums abhängig ist und neben rational-ökonomischen Gesichtspunkten insbesondere auch durch persönliche Präferenzen beeinflusst werden kann (vgl. SCHÄTZL 1998, S. 56f). Abbildung 6 bildet diesbezüglich die Standortentscheidungen von 9 Unternehmern ab. Die Unternehmer 1,2 und 3 besitzen gute Informationen und die Fähigkeit diese effizient zu verarbeiten. Die Vorraussetzung für die Wahl eines wirtschaftlich optimalen Standortes sind somit grundsätzlich gegeben. Die Unternehmer 1 und 2 haben ihren Standort tatsächlich in unmittelbarer Nähe des Standortoptimums gewählt. Da Unternehmer 3 z.B. aus familiären Gründen nicht an einer optimalen Lösung interessiert ist, gibt er sich mit einem suboptimalen Standort zufrieden. Dieser liegt allerdings noch innerhalb der räumlichen Gewinnzone. Es zeigt sich somit, dass Unternehmer, deren Informationsstand und deren Problemlösungsfähigkeiten vergleichbar sind, durchaus unterschiedliche Standortentscheidungen treffen und dass subjektive Wertvorstellungen die Standortwahl beeinflussen können. Des Weiteren zeigt sich in der Abbildung, dass sich die Güte der Standortentscheidungen mit einer Abnahme von Informationen und Unternehmerfähigkeiten tendenziell verschlechtert. So entscheiden sich die Unternehmer 4, 5, und 6 aufgrund ihrer durchschnittlichen Kenntnisse für Standorte, die zwar weiter vom Optimum entfernt liegen, sich aber durchaus noch innerhalb der Gewinnzone befinden. Zwei der Unternehmer, die in der Verhaltensmatrix eine ungünstige Position einnehmen, entscheiden sich für einen Standort außerhalb der Gewinnzone. Da sie langfristig gesehen nicht konkurrenzfähig bleiben, scheiden sie aus dem Wettbewerb aus. Obwohl Unternehmer 9 ebenfalls über schlechte Voraussetzungen verfügt, entscheidet er sich jedoch zufällig oder durch Nachahmung des Verhaltens von Unternehmer 5 für einen gewinnbringenden Standort.

Unter Berücksichtigung des Zeitfaktors kann sich der Wissensstand eines Unternehmers erhöhen und so zu einer Standortoptimierung beitragen. Hierbei muss jedoch angemerkt werden, dass einmal gewählte Standorte eine große Persistenz besitzen. Betriebe versuchen also grundsätzlich ihren Standort beizubehalten. Zudem ist es aus finanziellen und/oder zeitlichen Gründen oftmals nicht möglich, sämtliche Standortalternativen in den Prozess der Standortwahl mit einzubeziehen. Neben den beiden in Abbildung 6 berücksichtigten räumlichen Gewinnzonen des Standortsuchraums kann es deshalb durchaus noch andere Raumstellen geben, an denen sich die Unternehmensziele besser realisieren lassen. Vor allem kleine und mittlere Betriebe beschränken ihre Standortsuche auf Regionen, die der persönlichen Erfahrung des Unternehmers zugänglich sind. Wie bereits erwähnt, fällt die Standortwahl deshalb häufiger auf einen zufrieden stellenden, als auf einen optimalen Standort (vgl. SCHÄTZL 1998, S. 59).

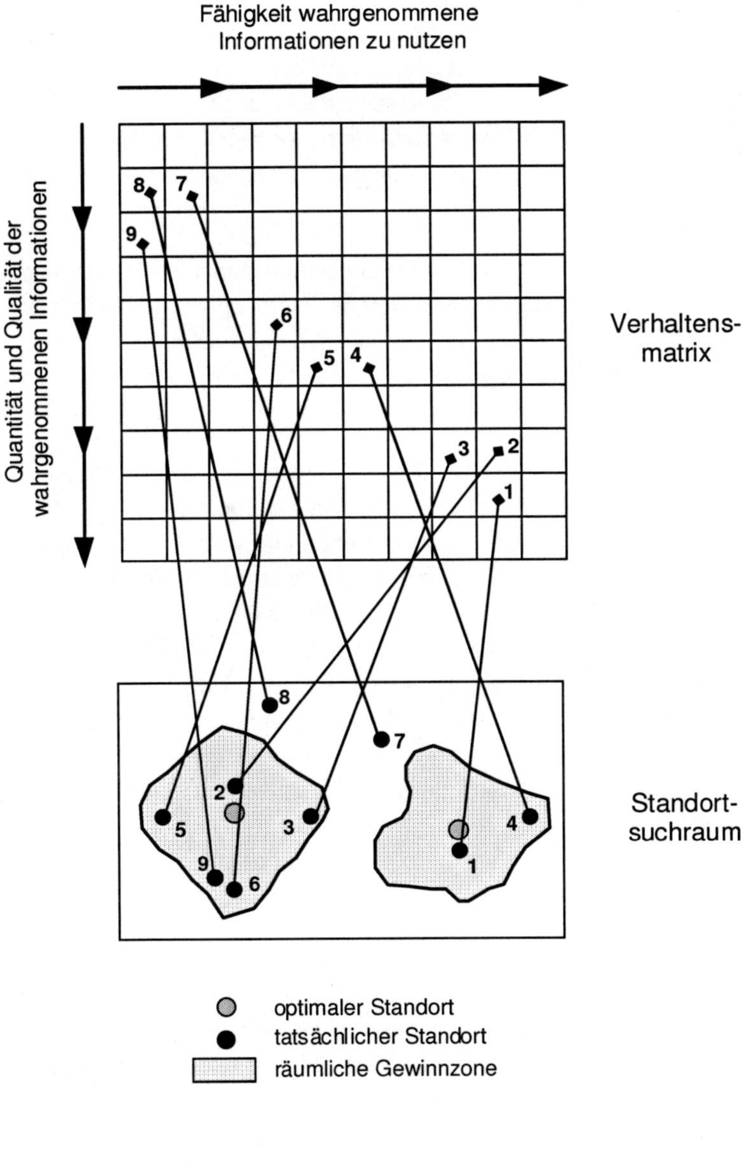

Abbildung 6: Verhaltensmatrix und Standortwahl

Quelle: SCHÄTZL 1998, S. 58, leicht verändert

3.3.2.2 Kritische Bewertung

Die Kritik am Verhaltensansatz bezieht sich weitestgehend auf die zugrunde liegende behavioristische Grundauffassung. FLIEDNER (1993, S. 151) merkt diesbezüglich an, dass es außerordentlich schwierig sei, menschliches Verhalten korrekt zu erklären oder von den zugrunde liegenden Motiven her zu verstehen. Einerseits kann zwar von den objektiven Handlungsergebnissen rückwirkend eine Begründung bzw. eine Ursache für ein bestimmtes Verhalten erarbeitet werden, andererseits besteht dabei jedoch verstärkt die Gefahr eines Zirkelschlusses. Da menschliches Handeln und Verhalten aus einmaligen historischen, sozialen und kulturellen Sachverhalten und Zusammenhängen heraus erfolgt, kann es somit nicht ausreichend unter Bezug auf allgemeine Theorien erklärt werden.

Obwohl der Verhaltensansatz die Forschung vom überkommenen Raumsystem des strukturfunktionalen Ansatzes hin zum Menschen geführt hat, bietet er aufgrund dieser konzeptionellen Schwächen bislang jedoch keinen alternativen Rahmen. Vielmehr weist er auf Grenzen der Aussagefähigkeit deduktiver Theorien hin und bietet Anregungen zu deren Weiterentwicklung (vgl. SCHÄTZL 1998, S.60).

Andererseits bedarf die zunehmende räumliche Differenzierung wirtschaftlicher Handlungsweisen weiterer Theorieansätze, die einerseits über die ökonomische Rationalität hinausreichen und diese andererseits in sinnvoller Weise erweitern. WAGNER (1998, S. 120ff) stellt diesbezüglich klar, dass der verhaltenstheoretische Ansatz deshalb den standorttheoretischen ergänzen muss. Seine Argumentation führt er hauptsächlich auf folgenden Punkt zurück: Empirische Untersuchungen belegen deutlich, dass nur ein Teil der wirtschaftlich relevanten Funktionen durch rein ökonomisches Kalkül an einen bestimmten Standort gelenkt worden sind. So gruppieren sich in der Realität viele Unternehmensstandorte um ein streng ökonomisch berechnetes Standortoptimum. Die Wahl dieser suboptimalen Standorte lässt sich durch die klassische raumwissenschaftliche Standorttheorie jedoch nur unzureichend erklären. Diesbezüglich ist davon auszugehen, dass das Leitmotiv der ökonomischen Optimierung durch ein Netz subjektiver, individueller und gruppenspezifischer Bewertungen der Rahmenbedingungen gefiltert wird.

ENXING (1999, S. 41ff) stellt jedoch fest, dass verhaltenstheoretische Aspekte in der Standortforschung bis heute nur eine marginale Stellung einnehmen. Einerseits wird zwar von vielen Autoren die Möglichkeit des nicht-ökonomischen Verhaltens der handelnden Akteure in Betracht gezogen, andererseits jedoch meist als Rest- bzw. Störgröße neben den determinierenden wirtschaftlichen Faktoren aufgefasst.

3.3.3 Organisationstheoretischer Ansatz

3.3.3.1 Konzeption

Der organisationstheoretische Ansatz zählt zu den jüngeren Versuchen, die betriebliche Standortwahl in einen theoretischen Rahmen zu setzen. Seine Ursprünge finden sich in den frühen 1980er Jahren und sind eng mit den Namen MICHAEL TAYLOR und NIGEL THRIFT verbunden. Obwohl sich generell Parallelen zum verhaltenstheoretischen Ansatz ziehen lassen, rückt mit dem organisationstheoretischen Ansatz jedoch erstmals das Unternehmen und nicht so sehr der einzelne Entscheidungsträger in den Mittelpunkt der Betrachtung. Im Gegensatz zu den klassischen Standorttheorien werden die Unternehmen hierbei nicht mehr als „black box" betrachtet. Vielmehr interessieren die Prozesse und Abläufe die hinter den getroffenen Entscheidungen stehen. Das Erkenntnisinteresse zielt darauf, wie Unternehmen arbeiten, wie sie strukturiert sind und wie Entscheidungen getroffen werden. Die wissenschaftstheoretischen Grundlagen finden sich deshalb in den Managementwissenschaften, hierbei vor allem in der Organisationstheorie[27] (vgl. DICKEN u. LLOYD 1999, S. 213ff).

Bevor jedoch näher auf die räumliche Relevanz organisationaler Aspekte eingegangen werden kann, muss zunächst die zugrunde liegende Sichtweise erläutert werden. Während der Verhaltensansatz zunächst das Leitbild des homo oeconomicus revidierte, verwirft der organisationstheoretische Ansatz explizit die idealtypischen Annahmen zum Wettbewerb und berücksichtigt stattdessen die Entwicklungen der modernen Wirtschaftswelt. Diese kennzeichnet sich in erster Linie durch das Wachstum der Großunternehmen. Infolge von Konzentrationstendenzen charakterisieren sich deshalb viele Wirtschaftszweige durch oligopolistische Strukturen. Während einzelne Branchen durch eine kleine Anzahl großer Unternehmen dominiert werden, spielt die Masse der kleinen Unternehmen dagegen keine nennenswerte Rolle mehr. Diesbezüglich wird auch von einer „segmentierten Ökonomie" gesprochen. Demnach lassen sich die Unternehmen in zwei Haupttypen unterteilen. Auf der einen Seite befinden sich die zentralen Unternehmen. Hierbei handelt es sich um die großen und dominanten Unternehmen. Sie verfügen über viele betriebliche Ressourcen, über viel Macht und starke Einflussmöglichkeiten. Daneben werden die zahlreichen kleinen und unbedeutenden Betriebe als periphere Unternehmen bezeichnet. Sie sind dementsprechend mit wenigen Ressourcen ausgestattet, haben keine Machtposition und nur bescheidene Einflussmöglich-

---

[27] Die Organisationstheorie beschäftigt sich mit dem Aufbau, den Prozessen und den Kommunikationsstrukturen innerhalb von Unternehmen. Mit dem klassischen, dem humanistischen und dem räumlichen Ansatz lassen sich insgesamt 3 verschiedene Entwicklungsphasen unterscheiden. Die klassische Organisationstheorie beschäftigt sich mit rein betriebswirtschaftlichen Fragestellungen. Ziel ist die formale Konzeption einer idealen Betriebsführung (wissenschaftliche Betriebsführung / business administration). Der humanistische Ansatz macht dagegen den Widerspruch zwischen dem Modell der rationalen Organisation und der organisatorischen Realität zum Gegenstand. Der räumliche Ansatz konnte sich erst nach dem zweiten Weltkrieg entwickeln und beschäftigt sich primär mit den internen und externen Kommunikationsstrukturen (Systembeziehungen) bzw. den Interaktionen zwischen Organisation und Umwelt (vgl. BRUNOTTE et al. 2002, S. 12f).

keiten. Diese beiden Hauptgruppen lassen sich wiederum in zahlreiche Untergruppen unterteilen. Das Konzept der segmentierten Ökonomie bezieht sich jedoch nicht nur auf die Größe der Unternehmen, sondern auch auf wichtige funktionale Charakteristika (vgl. DICKEN u. LLOYD 1999, S. 213ff; RITTER 1998, S. 253ff).

Der organisationstheoretische Ansatz baut auf dieser Zweiteilung der Unternehmen auf. Für die Masse der kleinen (peripheren) Unternehmen ist von denselben Standortsuch- und Standortwahlprozessen auszugehen, wie sie bereits für den verhaltenstheoretischen Ansatz dargestellt wurden (vgl. Kap. B, Punkt 3.3.2). Für den Bereich der großen (zentralen) Unternehmen ist die Standortwahl dagegen vielmehr mit deren strategischer Orientierung als mit der Person des Entscheidungsträgers in Verbindung zu setzen. So ist der Geschäftsalltag nahezu aller Großunternehmen in der Praxis durch Strategien gekennzeichnet. Generell können hierbei Unternehmens- und Wettbewerbsstrategien unterschieden werden. Während die Unternehmensstrategie die langfristigen Ziele und Zwecke des Unternehmens festlegt, bestimmt die Wettbewerbsstrategie, wie diese Ziele in bestimmten Märkten umgesetzt werden. Zu den wichtigsten strategischen Stoßrichtungen sind unter anderem die Markt- bzw. Kostenführerschaft, die Konzentration auf Kernkompetenzen sowie die Differenzierung zu zählen (vgl. DICKEN u. LLOYD 1999, S. 233ff). Im Falle der Marktführerschaft ist diesbezüglich wohl von den weitreichendsten Einflüssen auf die Standortwahl auszugehen. So kann zunächst ein suboptimaler Standort in unmittelbarer Nähe eines Konkurrenten gewählt werden. Wenn dieser Konkurrent jedoch erst einmal vom Markt verdrängt wurde, entwickelt sich der ehemals suboptimale zu einem optimalen Standort. Des weiteren können Standortentscheidungen auch aufgrund des Umbaus bzw. der Neugliederung der inneren Organisation von Unternehmen getroffen werden. Hierbei werden jedoch größtenteils nur die Makrostandorte vorgegeben. Für die Auswahl des Mikrostandortes können wiederum standort- und verhaltenstheoretische Aspekte herangezogen werden.

3.3.3.2 Kritische Bewertung

Wie schon der Verhaltensansatz, hat auch der organisationstheoretische Ansatz die Standortforschung weiter an die ökonomische Realität geführt. Da keine idealtypischen Grundannahmen mehr vorausgesetzt werden, können jedoch auch keine allgemeingültigen Theorien und Modelle mehr entwickelt werden. Vielmehr ist jede Standortentscheidung auf einen spezifischen Kontext bzw. Ausrichtung des jeweiligen Unternehmens zurückzuführen. Der Nachteil dieser Methode ist in der Quantität und der Qualität der nutzbaren Informationen zu sehen. So gelten viele strategische Vorgaben und Entscheidungen als Firmengeheimnisse und werden deshalb nicht in der Öffentlichkeit preisgegeben.

Da sich die Standortwahl nicht mehr aus Ressourcen- oder Kostenvorteilen an bestimmten Standorten oder für bestimmte Branchen ableitet, ist dieser Ansatz jedoch grundsätzlich auf alle Wirtschaftssektoren anwendbar (vgl. RITTER 1998, S. 258).

4. Thesenformulierung

Zur Thesenformulierung soll insbesondere nochmals die zugrunde liegende Frage- bzw. Problemstellung aufgegriffen werden. Demnach gilt das Interesse der Arbeit vorwiegend der Analyse der Wettbewerbs- und Standortproblematik von Güterkraftverkehrs- und Speditionsunternehmen. In der Einleitung wurden diesbezüglich bereits folgende drei Leitfragen formuliert:

- Inwieweit ist der Wandel von Betriebs- und Angebotsstrukturen innerhalb des Transport- und Speditionsgewerbes bereits fortgeschritten?
- Wie lassen sich die gegenwärtigen Wettbewerbsstrukturen charakterisieren?
- Wie gestalten sich die spezifischen Standortanforderungen der einzelnen Akteure bzw. nach welchen Kriterien richtet sich die unternehmerische Standortwahl?

Unter Berücksichtigung dieser Leitfragen sowie der umfassenden Darstellung der theoretischen Grundlagen und Zusammenhänge können für die weitere Untersuchung folgende 6 Thesen abgeleitet werden:

These 1: Die Unternehmen des Transport- und Speditionsgewerbes sind weitestgehend durch kleinbetriebliche Strukturen gekennzeichnet

These 2: Im Leistungskatalog der Unternehmen dominieren nach wie vor die klassischen Tätigkeitsfelder (TUL)

These 3: Die Anwendung von Unternehmens- bzw. Wettbewerbsstrategien hängt im Wesentlichen von der Betriebsgröße ab

These 4: Der Aktionsradius von Speditionen ist wesentlich weiträumiger als der von reinen Transportunternehmen

These 5: Die Standortstruktur des Transportgewerbes zeichnet sich durch eine hohe Persistenz aus

These 6: Die Standortwahl im Transportgewerbe richtet sich vorrangig nach ökonomischen Gesichtspunkten

C Empirischer Teil

1. Methodisches Vorgehen

1.1 Darstellung des Untersuchungsdesigns

Unter Berücksichtigung des vorhandenen Datenmaterials und der zugrunde liegenden Fragestellung erscheint die Konzeption einer quantitativ ausgerichteten Untersuchung als besonders geeignet. Als wissenschaftstheoretische Grundposition liegt der quantitativen Sozialforschung der kritische Rationalismus zugrunde. Über eine deduktive Herangehensweise soll hierbei vom Allgemeinen auf das Besondere geschlossen werden. Das bedeutet, dass mit Hilfe standardisierter Verfahren Theorien und Hypothesen an der Wirklichkeit überprüft werden. Dabei ist die Erlangung von allgemeingültigen, repräsentativen Aussagen das oberste Ziel der Forschung. In der qualitativen Sozialforschung wird dagegen nicht primär das Ziel der Repräsentativität angestrebt. Über induktives Vorgehen und nicht standardisierte offene Verfahren sollen Theorien hierbei überhaupt erst entwickelt werden.

Da in vorliegender Untersuchung einerseits ein Gesamtüberblick zur Standortstruktur der Güterkraftverkehrs- und Speditionsunternehmen gegeben und andererseits aber auch wesentliche Aspekte der Angebots- und Wettbewerbsstruktur sowie der Standortwahl analysiert werden sollen, setzt sich der empirische Teil der Arbeit aus zwei Bereichen zusammen. Der erste bedient sich vorwiegend einer sekundärstatistischen Analyse und verfolgt das Ziel, die Grundgesamtheit sowie deren räumliche Verteilung zu bestimmen. Zur Gewinnung von allgemeinen, aber auch branchenspezifischen Erkenntnissen bezüglich der Fragestellung wird im zweiten Teil dagegen eine Primärerhebung in Form einer Unternehmensbefragung durchgeführt. Als Erhebungsinstrument dient hierzu eine vollstandardisierte schriftliche Befragung.

Die Vorteile der schriftlichen gegenüber der mündlichen Befragung liegen vor allem in folgenden Punkten: Vermeidung von Interviewerfehlern, ehrlichere und überlegtere Antworten sowie eine größere Konzentration auf das Thema von Seiten der Probanden. Darüber hinaus ist die Zusicherung von Anonymität bei einer schriftlichen Befragung glaubwürdiger. Die Nachteile sind dagegen unter anderem in höheren Ausfallquoten und einem unvermeidbaren Einfluss externer Effekte zu sehen (vgl. SCHNELL, HILL, ESSER 1999, S. 336f). Um zumindest den Nachteil der höheren Ausfallquoten relativ gering zu halten, wurde mit jedem Unternehmen der Stichprobe vorab telefonisch Kontakt aufgenommen. Hierbei wurden dem jeweiligen Ansprechpartner die relevanten Einzelheiten der Untersuchung und der Befragung erläutert.

1.2 Abgrenzung des Untersuchungsgebietes

Das Untersuchungsgebiet ist in seiner administrativen Abgrenzung mit der Planungsregion 14 (=Region München) der bayerischen Landesplanung identisch. Die Region München liegt im südlichen Bayern im Zentrum des Regierungsbezirks Oberbayern. Mit der Landeshauptstadt München sowie den Landkreisen Dachau, Ebersberg, Erding, Freising Fürstenfeldbruck, Landsberg am Lech, München und Starnberg setzt es sich aus insgesamt 9 Landkreisen und kreisfreien Städten bzw. 186 Gemeinden zusammen (s. Karte 1).

Durch den Einbezug der umliegenden Landkreise kann der suburbanisierungsbedingten funktionsräumlichen Verflechtung bzw. Arbeitsteilung zwischen Kernstadt und Umland Rechnung getragen werden. Mit dem Flughafen München II, dem Umschlagbahnhof Riem, der Neuen Messe München und den großen Industrie- und Gewerbegebieten vor den „Toren der Stadt" können auf diesem Weg die wichtigsten Zentren des Gütertransports und –umschlags berücksichtigt werden.

Die Auswahl der Region München zur Überprüfung der zugrunde liegenden Fragestellung lässt sich durch folgende Punkte legitimieren:

- Die Region zählt zu den strukturstärksten Regionen Deutschlands. Als hochindustrialisierter Wirtschaftsraum sind in ihr viele produzierende Betriebe und Dienstleistungsunternehmen angesiedelt. Daraus ergibt sich zwangsläufig ein hohes Potential an Zuliefer- und Distributionsverkehren mit zum Teil erheblichen Gütermengen.

- Die Region ist durch eine hohe Bevölkerungsdichte gekennzeichnet. Die bedarfsgerechte Versorgung der Bevölkerung mit Waren erfordert umfangreiche Transportaufwendungen.

- Die Region stellt im süddeutschen Raum einen bedeutenden nationalen und internationalen Verkehrsknotenpunkt dar. Da am Flughafen München und am Umschlagbahnhof München Riem enorme Gütermengen umgeschlagen werden, eignet sie sich hervorragend als Logistikstandort.

Karte 1: Abgrenzung des Untersuchungsgebietes
Quelle: IHK für München und Oberbayern
Kartengrundlage: SSG München 2004
Entwurf: Benjamin Gutgesell 2004

1.3 Bestimmung des Untersuchungsgegenstandes und der Grundgesamtheit

Der Untersuchungsgegenstand definiert sich aus den in Kapitel B, Punkt 1.2 genannten Leistungsanbietern des Transportgewerbes, die ihren Sitz bzw. eine Niederlassung innerhalb der Region München haben. Im Bereich der Transportunternehmen werden jedoch nur Betriebe des gewerblichen Straßengüterverkehrs berücksichtigt. Unternehmen des Werkverkehrs sowie Transportunternehmen anderer Verkehrsträger sind nicht Gegenstand der vorliegenden Untersuchung. Im Bereich des Speditionswesens werden sowohl selbsteintretende als auch vermittelnde Betriebe (=Speditionen ohne Selbsteintritt) berücksichtigt. KEP-Dienste unterliegen dagegen keinen Einschränkungen und werden als Gesamtheit in die Untersuchung mit einbezogen. Der „schwammige" Begriff des Logistikdienstleisters wird im Folgenden aufgrund der bereits erläuterten unklaren Abgrenzungsmöglichkeiten nicht weiter verwendet.

Zur Ermittlung der Grundgesamtheit wurden insgesamt zwei Quellen bedient: (1) die Unternehmensdatenbank der Industrie- und Handelskammer (IHK) für München und Oberbayern und (2) die online Version des Branchenbuches „Gelbe Seiten".

Die Unternehmensdatenbank der IHK umfasst sämtliche Unternehmen die innerhalb des jeweiligen Kammerbezirkes im Handelsregister eingetragen sind. Daraus wurden diejenigen Unternehmen extrahiert, die anhand der Klassifikation der Wirtschaftszweige, Ausgabe 2003 (WZ 2003)[28] eindeutig dem oben genannten Untersuchungsgegenstand zuzuordnen sind. Jedes Unternehmen ist Pflichtmitglied bei der jeweiligen IHK. Zur Bestimmung der Grundgesamtheit ist die alleinige Verwendung dieser Unternehmensdaten jedoch einigen gravierenden Einschränkungen unterworfen und somit als nicht ausreichend zu bezeichnen. So werden einerseits nur die Hauptsitze von Unternehmen registriert. Niederlassungen und Zweigstellen von Betrieben, die ihren Hauptsitz in einem anderen Kammerbezirk haben, unterliegen dagegen keiner Meldepflicht und würden somit nicht berücksichtigt werden. Andererseits erfolgt die Veröffentlichung der Firmennamen und –adressen aus datenschutzrechtlichen Gründen nur auf freiwilliger Basis. Unternehmer die einer Veröffentlichung bzw. Weitergabe ihrer Daten nicht ausdrücklich zustimmen entfallen somit auch dem Registerauszug.

Um den genannten Einschränkungen der IHK-Unternehmensdatenbank entgegen zu wirken und somit ein möglichst umfassendes Bild der Grundgesamtheit zu erreichen, wurden mit Hilfe der online Version des Branchenbuches „Gelbe Seiten" weitergehende Recherchen

[28] Mit der WZ 2003 können alle wirtschaftlichen Tätigkeiten einheitlich erfasst und eindeutig einer bestimmten Branche zugeordnet werden. Sie baut auf der statistischen Systematik der Wirtschaftszweige der Europäischen Gemeinschaft (NACE REV. 1.1) auf und gliedert sich hierarchisch in 17 Abschnitte, 31 Unterabschnitte, 60 Abteilungen, 222 Gruppen, 513 Klassen und 1041 Unterklassen.

Für diese Untersuchung wurden alle Unternehmen aus den Bereichen 60.24; 63.4 sowie 64.12 herangezogen. Ein Auszug der relevanten Klassifizierungen befindet sich im Anhang.

angestellt. Anhand von eindeutigen Branchenvorgaben[29] konnten hierdurch weitere Unternehmen des definierten Untersuchungsgegenstandes ermittelt werden.

Durch die genaue Bestimmung der Grundgesamtheit kann auf Forschungsfrage 3 Bezug genommen werden. So können anhand einer übersichtlichen kartographischen Darstellung der räumlichen Verteilung aller Betriebe bereits erste Rückschlüsse darüber gezogen werden, ob die Standortwahl in der Praxis bestimmte Standortmuster hervorruft bzw. ob sich bestimmte Regelhaftigkeiten erkennen lassen.

1.4 Inhalt und Aufbau des Fragebogens

Der verwendete Fragebogen gliedert sich in insgesamt 5 Themenbereiche. Neben Fragen zur Betriebs- und Standort- sowie Angebots- und Wettbewerbsstruktur werden auch Aspekte der Standortwahl berücksichtigt. Um mehr als die vorgegebenen Antwortkategorien berücksichtigen zu können sind viele Fragen durch eine offene Alternative „sonstiges“ ergänzt. Da die Komplexität der Fragestellung oftmals nicht mit einer einzigen Antwort ausreichend erfasst werden kann, wurde in der Anrede zudem darauf hingewiesen, dass Mehrfachnennungen grundsätzlich möglich seien.

Der erste Abschnitt des Fragebogens bezieht sich auf die Betriebsstrukturen. Neben der Branchenzuordnung, der Anzahl der Standortwechsel, der Anzahl der nationalen und internationalen Standorte sowie der Anzahl der Mitarbeiter wurden auch Fragen bezüglich des Fuhrparkes gestellt. Einerseits dienen diese erhobenen Betriebsdaten dazu, einen groben Überblick über die Stichprobenzusammensetzung zu erhalten und somit deren Repräsentativität zu überprüfen. Andererseits können sie sinnvoll mit Variablen der anderen Themenblöcke in Bezug gesetzt werden, wodurch wiederum genauere Ergebnisse bezüglich der Fragestellung ermittelt werden können.

Der zweite Abschnitt beschäftigt sich mit den Strukturen der Mikro- und Objektstandorte. Diesbezüglich wurde die Frage nach der Lage des Betriebsstandortes durch weitere Fragen zu den Eigentumsverhältnissen an den Betriebsflächen sowie dem künftigen Flächenanspruch und den geplanten Standortveränderungen ergänzt.

Der dritte und vierte Abschnitt sind ähnlich aufgebaut und versuchen, die Wettbewerbs-, Angebots- und Kundenstrukturen der Unternehmen genauer zu beleuchten. Während zu Beginn des Abschnittes danach gefragt wird, ob und welche Wettbewerbsstrategien verfolgt werden, beziehen sich die kommenden Fragen explizit auf die Anzahl und die Herkunft der

[29] Unter der Webadresse www.gelbeseiten.de können mit dem Modul „Branchenfinder“ Unternehmen sämtlicher Wirtschaftsbranchen gesucht werden. Zu den für diese Untersuchung relevanten Branchen gelangt man über die Rubriken „Auto & Verkehr“ und „Transport, Verkehr“. Die erscheinende Branchenübersicht ermöglicht die gleichzeitige Auswahl und Anzeige der jeweiligen Unternehmen mehrerer Branchen.

Kooperationspartner und der Kunden. Bei den Kunden ist zudem die Branchenzugehörigkeit erhoben worden.

Der letzte Abschnitt des Fragebogens hat die Intention, Gründe und Faktoren der Standortwahl zu eruieren. Einerseits wird gezielt danach gefragt, welches die entscheidenden Faktoren für die Wahl des derzeitigen Betriebsstandortes gewesen sind, andererseits wurden die Unternehmen darum gebeten, die Bedeutung von 18 relevanten Standortfaktoren zu bewerten. Diese Bewertung erfolgte anhand einer 4er Skala von „sehr wichtig" über „wichtig" und „weniger wichtig" bis „unwichtig". Um die Tendenz zu neutralen Bewertungen ausschließen zu können, wurde auf den Einbezug einer neutralen Wertung bewusst verzichtet.

1.5 Durchführung und Bewertung der Befragung

1.5.1 Stichprobenauswahl und zeitlicher Ablauf

Da sich aus Zeit- und Kostengründen eine Vollerhebung als nicht realisierbar darstellte, musste zur Durchführung der Befragung auf eine Stichprobe zurückgegriffen werden. Da nur Zufallsstichproben zu repräsentativen Ergebnissen führen (vgl. SCHNELL, HILL, ESSER 1999, S. 284), erfolgte die Auswahl der Untersuchungselemente anhand einer systematischen Zufallsstichprobe[30]. Hierfür wurden die Unternehmen der Grundgesamtheit zunächst in zufälliger Reihenfolge angeordnet und anschließend jeder dritte Betrieb zur Bildung der Stichprobe herangezogen. Der Stichprobenumfang beträgt somit 367 Unternehmen.

Diese Unternehmen wurden im Zeitraum von Anfang Juni 2004 bis Ende Juli 2004 zunächst telefonisch kontaktiert. Hierbei wurde primär versucht die jeweiligen Geschäftsführer bzw. Niederlassungsleiter als Ansprechpartner zu erreichen um sie vorab über die Thematik und den Ablauf der Erhebung zu informieren[31]. Bei Einverständnis wurde anschließend der Fragebogen inklusive eines einseitigen Begleitschreibens[32] und der Bitte um Antwort an die jeweiligen Unternehmen gefaxt. Der letzte Fragebogen wurde Ende August zurückgefaxt.

---

[30] Systematische Zufallsstichproben liefern in der Praxis gleich gute Ergebnisse wie reine Zufallsstichproben (vgl. BAHRENBERG, GIESE, NIPPER 1999, S. 20)

[31] Falls die Geschäftsführer bzw. Niederlassungsleiter nach mehrmaligem Kontakt immer noch nicht erreichbar waren, dienten leitende Angestellte als Probanden.

[32] Um den „offiziellen Charakter" der Erhebung zu unterstreichen wurde das Begleitschreiben mit dem Briefkopf des Seminars für Sozialwissenschaftliche Geographie der LMU versehen. Neben der Angabe des Namens des Diplomanden und dessen telefonischer Erreichbarkeit wurden insbesondere auch die allgemeine Thematik sowie das Auswahlprinzip erläutert. Des Weiteren wurde ausdrücklich darauf hingewiesen, dass es sich um eine Diplomarbeit handelt und dass die Antworten vertraulich und anonym behandelt werden.

Aufgrund des hohen Rücklaufs wurde darauf verzichtet, die nicht antwortenden Unternehmen nochmals an die Beantwortung und Rücksendung des Fragebogens zu erinnern.

1.5.2 Rücklauf und Repräsentativität

Von den 367 Unternehmen der Stichprobe haben 172 einen Fragebogen ausgefüllt und zurückgefaxt. Das entspricht einer Rücklaufquote von 47%. Die Gruppe der 195 Ausfälle kann in zwei Kategorien eingeteilt werden. 164 Unternehmen können als so genannte Ausfüllverweigerer betitelt werden. Hierbei handelt es sich um Betriebe, die ihre Mitarbeit zwar zugesagt, den Fragebogen jedoch nicht zurückgefaxt haben. Daneben sind unter den 31 so genannten Totalverweigerern diejenigen Unternehmen zu verstehen, die bereits vorab die Annahme des Fragebogens abgelehnt hatten. Unter Ausschluss der Totalverweigerer erhöht sich die Rücklaufquote sogar auf 51%.

Aus statistischer Sicht hängt die Repräsentativität einer Stichprobe lediglich vom Auswahlverfahren (Zufallsstichprobe) und vom Stichprobenumfang (Gesetz der großen Zahlen) ab. Obwohl die Repräsentativität deshalb für diese Untersuchung bereits gewährleistet ist, kann sie jedoch zusätzlich dadurch überprüft werden, indem die Verteilungen bekannter Variablen der Grundgesamtheit mit den Verteilungen der jeweiligen Variablen der Stichprobe verglichen werden (vgl. BAHRENBERG, GIESE, NIPPER 1999, S. 18ff). Durch einen Vergleich der Branchenzusammensetzungen von Grundgesamtheit und Stichprobe kann die Repräsentativität der Stichprobe bekräftigt werden (s. Tabelle 7).

		Frachtführer	Speditionen	KEP-Dienste	Gesamt
Grundgesamtheit	Abs.	509	513	80	1102
	Anteil	46%	47%	7%	100%
Stichprobe	Abs.	73	85	14	172
	Anteil	42%	50%	8%	100%

Tabelle 7: Branchenzusammensetzung von Grundgesamtheit und Stichprobe

Quelle: eigene Erhebungen

2. Ergebnisse der Sekundäranalyse

2.1 Verteilung der Betriebe auf Kreisebene

Die für die Region München[33] ermittelte Grundgesamtheit beläuft sich auf insgesamt 1102 Transport- und Speditionsunternehmen. Während hiervon 474 bzw. 43% innerhalb der Stadt München ansässig sind, verteilen sich die verbleibenden 628 bzw. 57% auf deren Umland. Das Gebiet des Flughafen München befindet sich teilweise in bzw. zwischen den Landkreisen Freising und Erding, zählt aus administrativer Sicht jedoch zur Stadt München. Da das Augenmerk dieses Abschnittes jedoch auf die geographische Verteilung der Unternehmen gerichtet ist und weniger auf die rein administrative Zugehörigkeit, sind die 72 Unternehmen, die direkt am Flughafen angesiedelt sind, je zur Hälfte den Landkreisen Freising und Erding zugeordnet. Ohne Berücksichtigung der Landeshauptstadt kann der Landkreis München mit 208 ansässigen Unternehmen die mit Abstand größten Werte aufweisen. Dies entspricht einem Anteil von 19% an allen Unternehmen bzw. einem Anteil von 33% an den im Umland angesiedelten Betrieben. Weiter sind noch die Landkreise Freising (117 Unternehmen) im Norden sowie Erding (89 Unternehmen) im Osten und Fürstenfeldbruck (60 Unternehmen) im Westen von Bedeutung. Sie erreichen jeweils einen Anteil von mindestens 5% an allen bzw. 10% an den im Umland angesiedelten Unternehmen. Während die Kreise Dachau, Landsberg am Lech und Ebersberg (absolute Anzahl je zwischen 41 und 49) bereits deutlich weniger Betriebe zählen, besitzt der Kreis Starnberg mit nur 21 Unternehmen als Standort keine nennenswerte Bedeutung.

Karte 2 veranschaulicht die Verteilung der Unternehmen auf Kreisebene. Bezüglich des Standortgefüges ist einerseits eine deutliche Ballung von Unternehmen entlang einer Nord-Süd-Achse (Landkreis München / Stadt München / Landkreis Freising) und andererseits eine abgeschwächte West-Ost-Achse (Landkreis Dachau / Stadt und Landkreis München / Landkreis Erding) zu erkennen.

[33] Während sich der Terminus Region München auf die Gesamtheit des Untersuchungsgebietes bezieht, wird mit dem Begriff Stadt München lediglich die Kernstadt und mit dem Begriff Umland die Gesamtheit aller Landkreise bezeichnet.

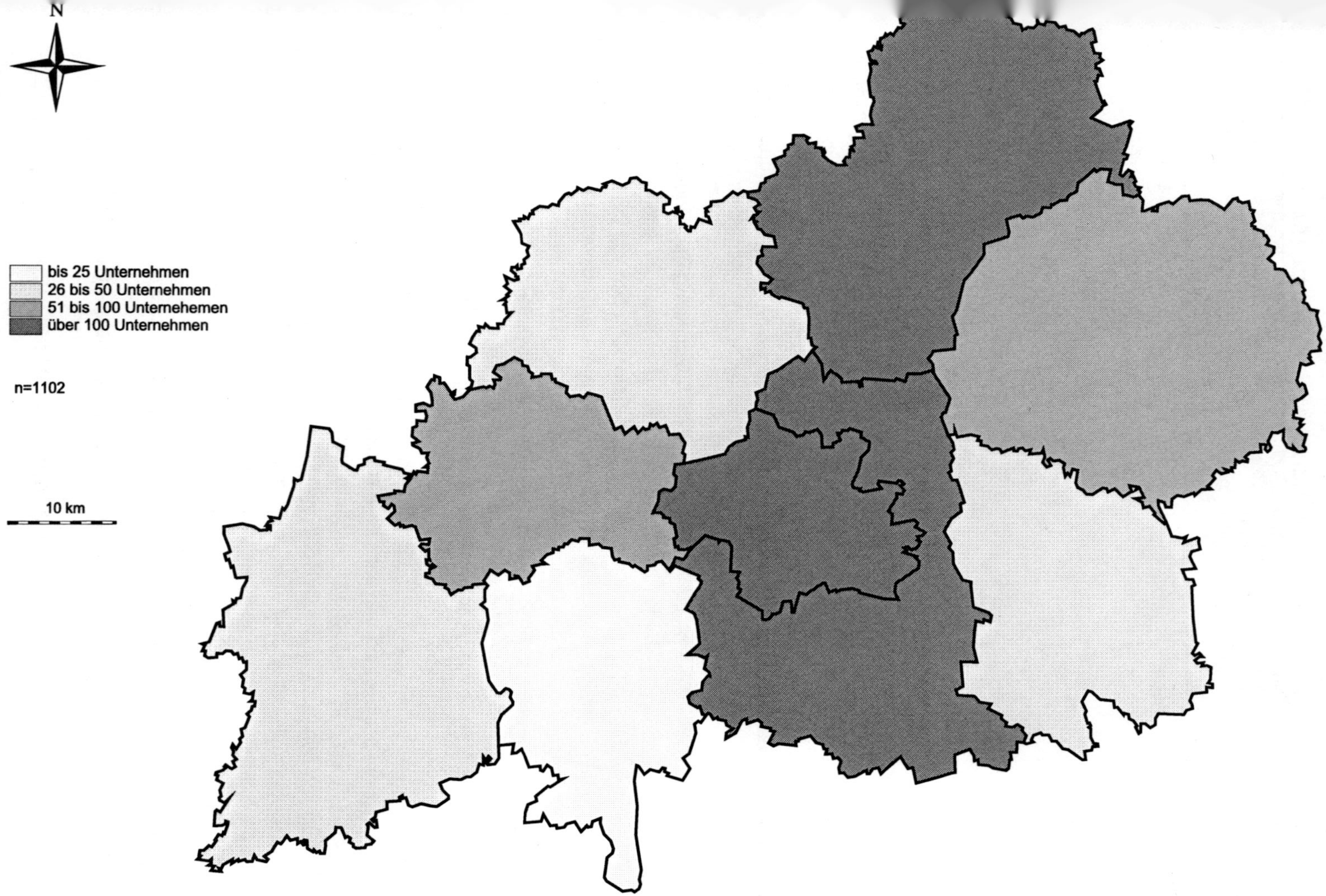

Karte 2: Verteilung der Transport- und Speditionsunternehmen auf Kreisebene
Quellen: IHK für München und Oberbayern und eigene Erhebungen
Kartengrundlage: SSG München 2004
Entwurf: Benjamin Gutgesell 2004

2.2 Verteilung der Betriebe auf Gemeindeebene

In jeder der 186 Gemeinden des Untersuchungsgebietes müssten im Schnitt 6 Unternehmen angesiedelt sein. Während genau 8 Gemeinden innerhalb und nur 25 über diesem Mittelwert liegen, verbuchen ganze 153 Gemeinden einen unterdurchschnittlichen Unternehmensbesatz. Davon hat sich in 58 Gemeinden sogar überhaupt kein relevantes Unternehmen niedergelassen. Unter Ausschluss der Stadt München relativiert sich diese Bild ein wenig. So ergibt sich für die verbleibenden 185 Gemeinden mit 3 Unternehmen nur noch ein halb so hoher Mittelwert. Während jetzt 17 Gemeinden innerhalb dieses Bereichs liegen, weisen nur noch 5 Gemeinden einen höheren, aber immerhin noch 118 einen niedrigeren Unternehmensbesatz auf.

Anhand von Karte 3 lassen sich bezüglich der räumlichen Verteilung der Unternehmen innerhalb der Region München folgende drei Trends feststellen:

- Ausrichtung am Autobahnnetz

  Von den 628 Unternehmen, die im Umland angesiedelt sind, befinden sich mit 420 knapp zwei Drittel in Gemeinden, durch die einerseits eine Autobahn verläuft oder die andererseits durch eine Autobahn tangiert werden. Weiterhin ist ersichtlich, dass diejenigen Gemeinden, in denen kein Unternehmen ansässig ist, größtenteils über keine unmittelbare Autobahnnähe im Sinne einer direkten Anschlussstelle verfügen.

- Ballung in nordöstliche Richtung

  Von der Stadt München ausgehend zeigt sich eine deutliche Häufung von Unternehmensstandorten entlang den Bundesautobahnen A9 (München – Nürnberg) und A96 (München – Deggendorf) in Richtung Flughafen. Bis auf die Gemeinde Puchheim im Osten von München sind hier die einzigen Gemeinden, die mindestens 11 Unternehmen verzeichnen können. Neben dem Flughafen München (72 Unternehmen) sind diesbezüglich vor allem die beiden Gemeinden Garching bei München (56 Unternehmen) und Unterschleißheim (24 Unternehmen) hervorzuheben.

- Ballung um die Stadt München

  In den Gemeinden entlang des Autobahnringes A99 und an den Endpunkten der Autobahnen A8 (Stuttgart - München) sowie A95 (Lindau - München) lässt sich eine deutliche, „schlauchartige“ Häufung von Unternehmen feststellen.

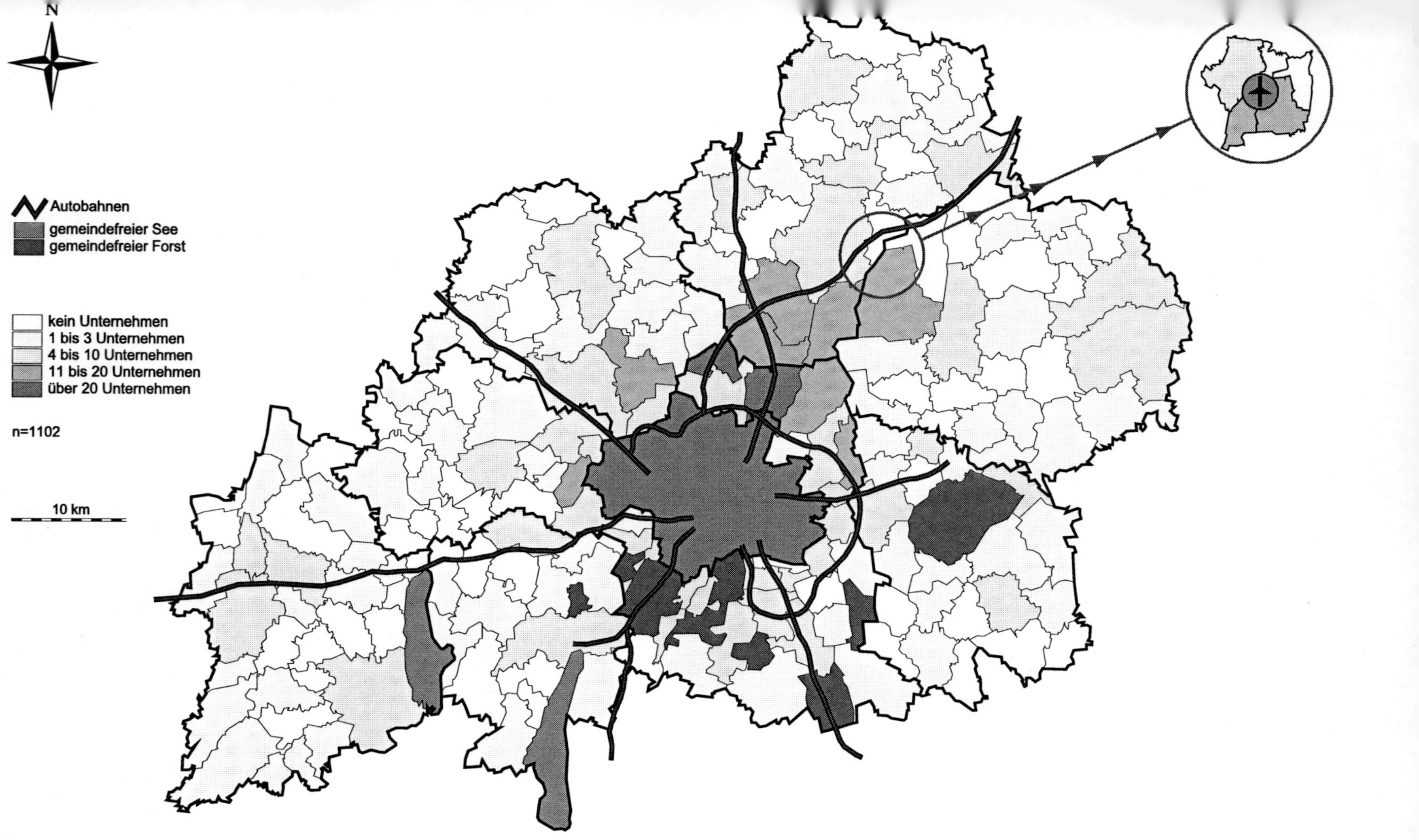

Karte 3: Verteilung der Transport- und Speditionsunternehmen auf Gemeindeebene
Quellen: IHK für München und Oberbayern und eigene Erhebungen
Kartengrundlage: SSG München 2004
Entwurf: Benjamin Gutgesell 2004

2.3 Verteilung der Betriebe innerhalb der Stadt München

Die Darstellung der räumlichen Verteilung der Unternehmen innerhalb der Stadt München erfolgt anhand der Postleitzahlgebiete. Bei einer Gesamtanzahl von 474 Betrieben und 73 PLZ-Gebieten müssten demnach in jedem PLZ-Gebiet 6 Unternehmen ansässig sein. Während 6 Gebiete im Durchschnitt liegen, weisen 41 einen unter- und 26 einen überdurchschnittlichen Unternehmensbesatz auf. Lediglich in 6 Gebieten sind keine Unternehmen angesiedelt.

Anhand von Karte 4 lassen sich die räumlichen Strukturen in der Stadt München deutlich erkennen. Einerseits tritt eine klare Häufung von Betrieben im randstädtischen Bereich (vor allem im Norden und Osten der Stadt) auf. So befinden sich gut 85% der Betriebe außerhalb des „Mittleren Rings". Andererseits ist wiederum eine klare Tendenz zur Autobahnnähe ersichtlich. Knapp die Hälfte der Unternehmen ist in PLZ-Gebieten ansässig, die direkten Anschluss zu Autobahnen haben.

Karte 4: Verteilung der Transport- und Speditionsunternehmen in der Stadt München
Quellen: IHK für München und Oberbayern und eigene Erhebungen
Kartengrundlage: SSG München 2004
Entwurf: Benjamin Gutgesell 2004

3. Ergebnisse der Unternehmensbefragung

3.1 Betriebsstrukturen

3.1.1 Branchenzusammensetzung

Auf die Frage nach der Branchenzugehörigkeit haben alle 172 Unternehmen geantwortet. Folglich kann jede Firma genau einem Tätigkeitsbereich zugeordnet werden. Die Stichprobe setzt sich demnach zu 49% (=85 Nennungen) aus Speditionen, zu 42% (=73 Nennungen) aus Frachtführern und zu 9% (=14 Nennungen) aus KEP-Diensten zusammen.

Da Speditionen zusätzlich danach gefragt wurden, ob sie durch Selbsteintritt auch als Frachtführer auftreten oder ob sie nur rein dispositive Aufgaben durchführen, kann diese Gruppe zusätzlich in solche Speditionen mit Selbsteintritt (42 Nennungen bzw. 49%) und solche ohne Selbsteintritt (43 Nennungen bzw. 51%) unterteilt werden. Dieses Ergebnis steht somit im Einklang mit den Erhebungen des BSL, wonach derzeit die Hälfte aller Speditionen ihr Recht auf Selbsteintritt ausüben (vgl. Kap. B, Punkt 1.2.2).

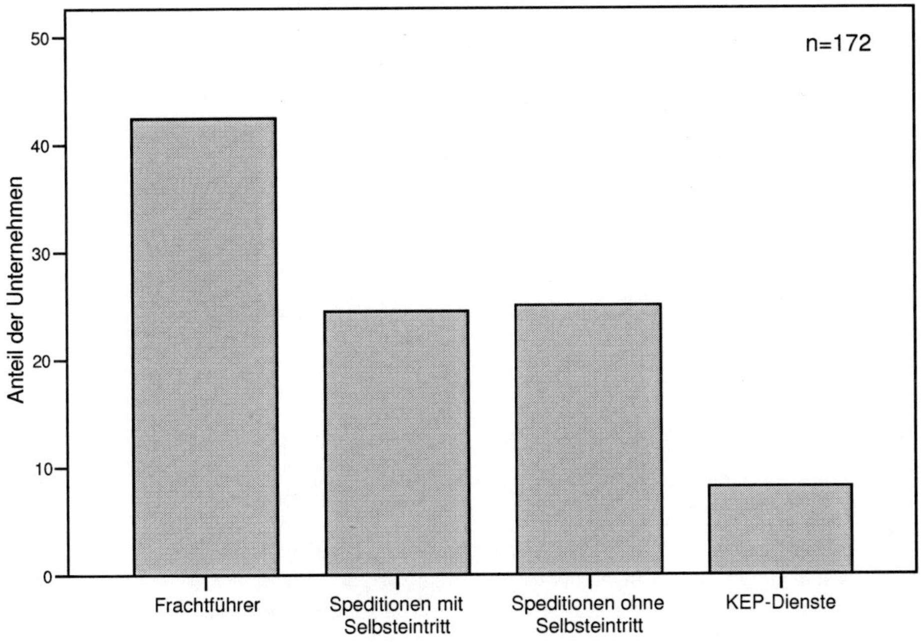

Abbildung 7: Branchenstruktur der Stichprobe

Quelle: eigene Erhebung

3.1.2 Betriebsgrößen

Die Frage nach der Betriebsgröße unterscheidet sich einerseits nach der Gesamtzahl der Mitarbeiter und andererseits nach der Zahl der in der Region München beschäftigten Mitarbeiter. Da für die Standortproblematik die Mitarbeiterzahl in den einzelnen Niederlassungen aussagekräftiger ist, wird die Gesamtanzahl im Folgenden nur zusammenfassend dargestellt.

164 Unternehmen haben Angaben zu ihrer Gesamtmitarbeiterzahl gemacht. Die Spannweite der Ergebnisse reicht von einem bis 12.000 Mitarbeiter. Die Werte für Schiefe (=7) und Kurtosis (=50) deuten insgesamt auf eine stark rechtsschiefe Verteilung hin[34]. Der Mittelwert liegt bei 266 Mitarbeitern, der Median dagegen bei nur 12. Das 90%-Perzentil sind 130 Mitarbeiter. Lediglich 7 Unternehmen haben mehr als 1.000 Mitarbeiter.

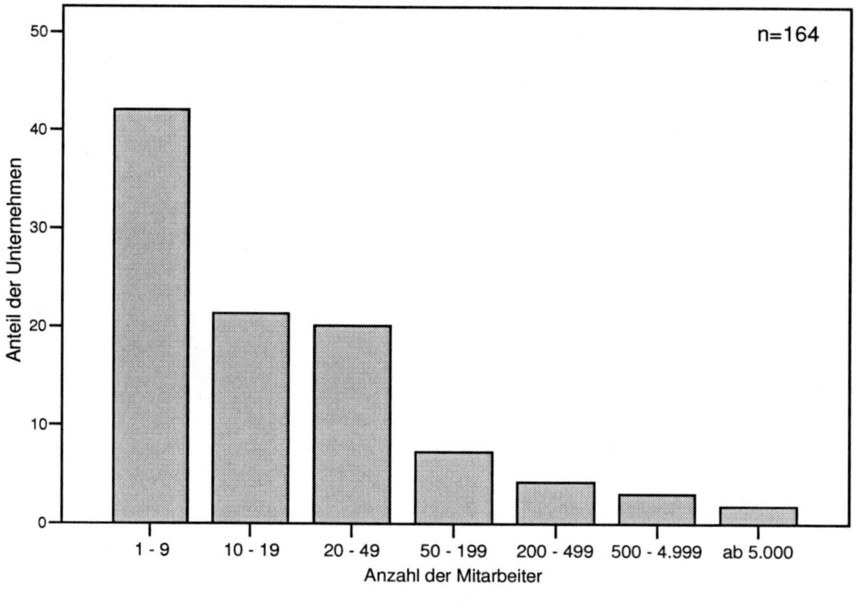

Abbildung 8: Gesamtzahl der Mitarbeiter

Quelle: eigene Erhebung

[34] Eine Werteverteilung wird als schief bezeichnet, wenn sie nicht symmetrisch ist. Rechtsschief bzw. linkssteil bedeutet, dass die Werte auf der rechten Seite, also bei den höheren Werten, stärker streuen als auf der linken Seite. Im umgekehrten Fall wird von linksschiefen Verteilungen gesprochen. Ein positiver Wert der Schiefe bedeutet hierbei, dass die Verteilung rechtsschief ist. Bei einem negativen Wert ist sie dagegen linksschief. Im Falle einer symmetrischen Verteilung ergibt sich ein Wert von 0. Die Kurtosis, auch Exzess genannt, gibt dagegen die Steilheit einer Verteilung an. Ein positiver Wert für die Kurtosis bedeutet, dass die Verteilung steiler ist als die zum Vergleich herangezogene Normalverteilung. Eine steile Verteilung spiegelt eine starke Häufung der Werte an einer bestimmten Stelle wieder. Im Gegensatz dazu deutet ein negativer Wert für die Kurtosis auf eine flache Werteverteilung hin, bei der sich die Werte nicht so stark häufen (vgl. BROSIUS 2002, S. 346f).

Auf die Frage nach den in der Region München beschäftigten Mitarbeitern haben insgesamt 168 Unternehmen geantwortet. Bei einem Minimum von 1 und einem Maximum von 298 beträgt die Spannweite der gültigen Antworten 297. Die Werte für Schiefe (=5) und Kurtosis (=28) weisen wiederum auf eine rechtsschiefe Verteilung hin. Die Standardabweichung beträgt 40, der mittlere Quartilsabstand[35] jedoch nur 18. Bezüglich der Charakterisierung der zentralen Tendenz ist der Median (Me=10) dem Mittelwert (x=20) vorzuziehen.

Die klassifizierte Darstellung der Mitarbeiterzahlen in Abbildung 9 verdeutlicht die Tendenz zu kleinbetrieblichen Strukturen. Die ersten 3 Klassen (bis 29 Mitarbeiter) beinhalten bereits 83% der Unternehmen. Das 90%-Perzentil liegt mit 35 Mitarbeitern nur unwesentlich darüber. In den letzten drei Klassen (ab 40 Mitarbeiter) verteilen sich die verbleibenden 20 Werte relativ gleichmäßig bis zum Maximum von 298.

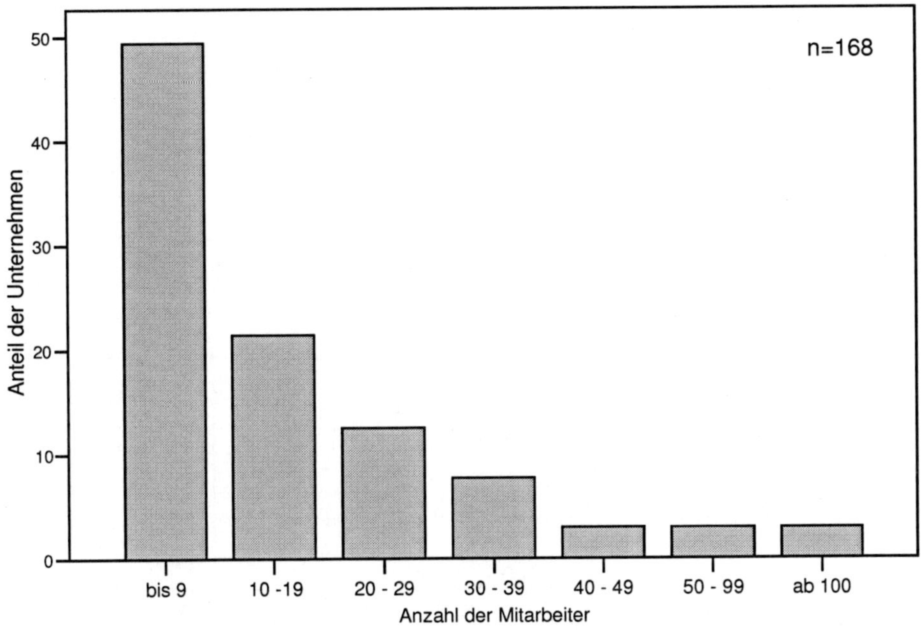

Abbildung 9: Mitarbeiterzahlen für die Region München

Quelle: eigene Erhebung

Diese allgemeine Tendenz zu kleinbetrieblichen Strukturen lässt sich auch im Branchenvergleich aufrechterhalten. So befinden sich die 90%-Perzentile der einzelnen Branchen zwi-

[35] Der mittlere Quartilsabstand (QA) trifft eine Aussage über die Streuung einer Variablen in ihrem zentralen Bereich. Er ermittelt sich aus der Differenz zwischen dem 75%- und dem 25%-Perzentil. Da keine Extremwerte in die Berechnung mit eingehen, ist dieses Streuungsmaß vor allem für schiefe Verteilungen besser geeignet als die Standardabweichung. Im Folgenden werden deshalb oftmals beide Maße angegeben.

schen 34 Mitarbeitern bei Frachtführern, 38 Mitarbeitern bei KEP-Diensten und 40 Mitarbeitern bei Speditionen ohne Selbsteintritt bzw. 43 bei Speditionen mit Selbsteintritt.

Bezüglich der durchschnittlichen Betriebsgröße kann festgehalten werden, dass Speditionen mit Selbsteintritt mit 35 Mitarbeitern (Me=15) der mit Abstand größte Betriebstyp im Untersuchungsgebiet sind. Sie beschäftigen damit durchschnittlich annähernd doppelt so viele Mitarbeiter wie Frachtführer (x=19; Me=10) und etwa drei mal so viele wie Speditionen ohne Selbsteintritt oder KEP-Dienste (jeweils x=12 und Me=5). Die branchenspezifischen Verteilungen sind in Abbildung 10 ersichtlich. Auffällig ist, dass Speditionen ohne Selbsteintritt mit einem mittleren Quartilsabstand von 12 die mit Abstand geringste Streuung aufweisen. Die anderen drei Branchen kommen dagegen auf fast doppelt so hohe Werte (QA jeweils knapp 20).

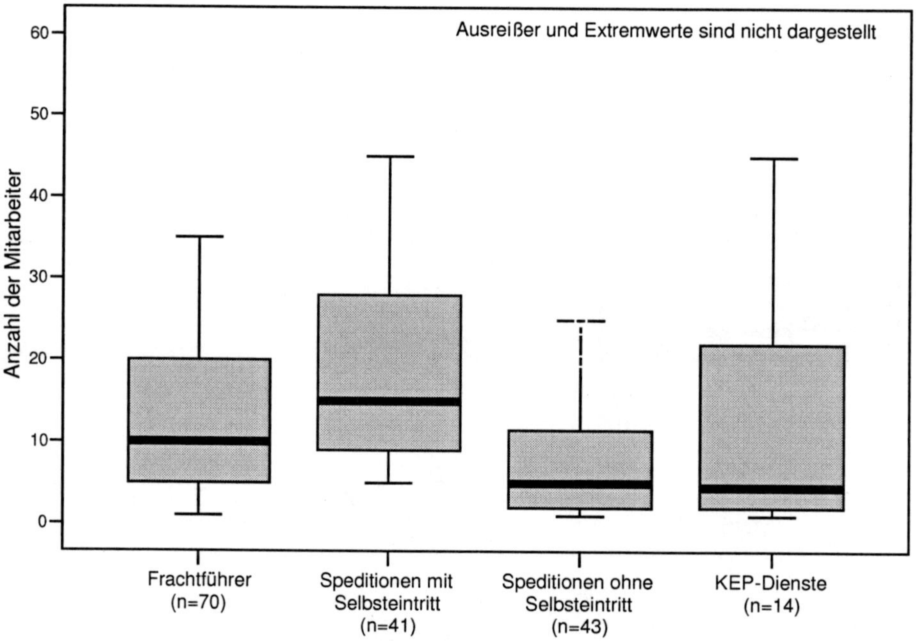

Abbildung 10: Branchenspezifische Verteilung der regionalen Mitarbeiterzahlen
Quelle: eigene Erhebung

Zusammenfassend kann festgehalten werden, dass anhand der Stichprobe sowohl die Unternehmen im Ganzen, als auch die einzelnen Niederlassungen, durch kleinbetriebliche Strukturen gekennzeichnet sind. Da die Vorraussetzungen für statistische Testverfahren, wie z.B. den t-Test, nicht erfüllt sind, kann die These der kleinbetrieblichen Strukturen streng genommen nur für diese Stichprobe bestätigt werden.

3.1.3 Anzahl der Standorte und Niederlassungen

Zur Frage nach der Gesamtzahl der Firmenstandorte bzw. der Niederlassungen liegen insgesamt 167 gültige Antworten vor. Die Spannweite der Werte beträgt 219 (Minimum 1, Maximum 220). Auch bei dieser Variablen weisen die Werte für Schiefe (7) und Kurtosis (44) auf eine deutlich rechtsschiefe Verteilung hin. Während die Standardabweichung 26 beträgt, ist der Wert des mittleren Quartilsabstand jedoch nur 1. Daher ist der Median, der ebenfalls den Wert 1 annimmt, für die Charakterisierung dieser Verteilung viel aussagekräftiger als der errechnete Mittelwert von 6 Standorten je Unternehmen, der gleichzeitig auch das 90%-Perzentil darstellt.

Die klassifizierte Darstellung in Abbildung 11 verdeutlicht die Tendenz zu wenigen Betriebsstandorten. So handelt es sich bei beachtlichen 72% der Unternehmen um so genannte Einbetriebsunternehmen. Hierunter versteht man Betriebe, die nur über einen einzigen Firmenstandort verfügen. Die 47 Unternehmen mit mehr als einem Standort (=Mehrbetriebsunternehmen) bestehen zudem zu 40% aus nur zwei und zur Hälfte aus drei Niederlassungen. Der Bereich bis zu drei Standorten deckt also bereits 87% des gesamten Werteintervalls ab.

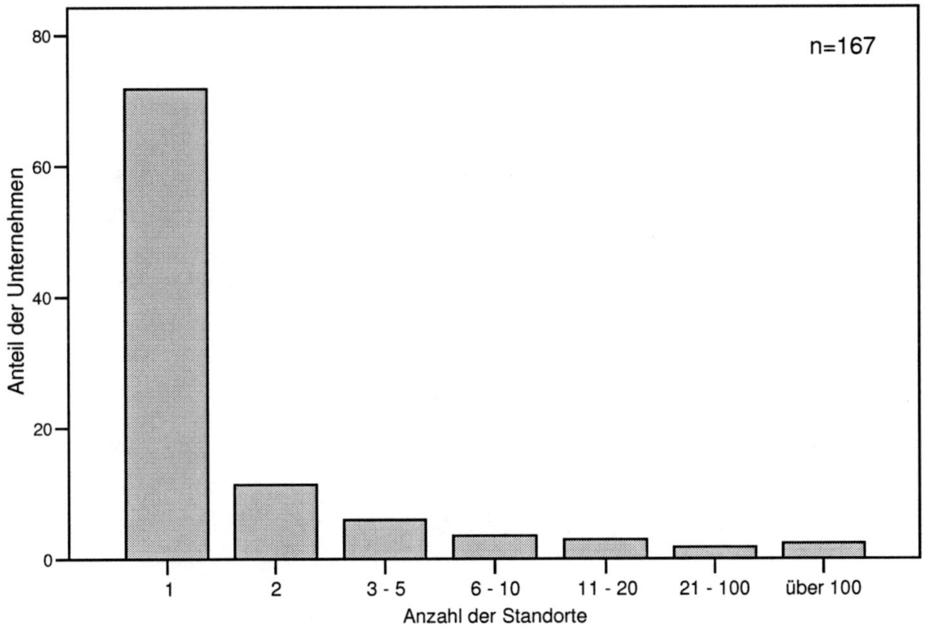

Abbildung 11: Anzahl der Standorte und Niederlassungen

Quelle: eigene Erhebung

Im Branchenvergleich zeigt sich deutlich, dass Speditionen ohne Selbsteintritt, Frachtführer und KEP-Dienste zu mindestens zwei Dritteln der Gruppe der Einbetriebsunternehmen zuzurechnen sind (s. Tabelle 8). Im Schnitt kommen die beiden erstgenannten Branchen auf je 2 Standorte. Der Mittelwert der KEP-Dienste (x=20) ist Folge des Einflusses von Extremwerten und kann folglich als nicht aussagekräftig bezeichnet werden. Der Median der drei Verteilungen ist jeweils 1. Speditionen mit Selbsteintritt sind dagegen die einzigen Unternehmen, die zur Mehrzahl aus Mehrbetriebsunternehmen bestehen. Da 80% von ihnen bis zu 5 Standorte unterhalten, ist auch dieser Mittelwert (x=14) für die Beschreibung der Verteilung nicht geeignet. Der Median ist 2.

	Einbetriebsunternehmen	**Mehrbetriebsunternehmen**
Frachtführer (n=72)	86%	14%
Speditionen mit Selbsteintritt (n=41)	44%	56%
Speditionen ohne Selbsteintritt (n=43)	67%	33%
KEP-Dienste (n=14)	79%	21%

Tabelle 8: Branchenspezifische Standortstruktur

Quelle: eigene Erhebung

Während die 120 Einbetriebsunternehmen logischerweise nur lokal, das heißt innerhalb der Region München, vertreten sein können, handelt es sich bei annähernd der Hälfte der Mehrbetriebsunternehmen (bzw. 12% aller Unternehmen) um Betriebe, die Niederlassungen in mindestens 2 Ländern unterhalten und somit eine internationale Standortstruktur aufweisen. Aufgrund der geringen Fallzahl dieser internationalen Unternehmen (n=20) soll die Branchenstruktur hier nur nachrichtlich anhand der absoluten Zahlen genannt werden: Speditionen mit Selbsteintritt 8, Speditionen ohne Selbsteintritt 6, Kep-Dienste 4 und Frachtführer 2 Fälle.

Diese Ergebnisse können zur Prüfung der These, dass Speditionen einen größeren Aktionsradius aufweisen, beitragen. Aufgrund der Verteilungscharakteristika sind jedoch keine Testverfahren möglich. Deshalb gelten diese Ergebnisse streng genommen wiederum nur für diese Stichprobe.

3.1.4 Alter der Betriebe

Die Frage nach dem Gründungsjahr des Betriebes bzw. der Niederlassung beantworteten 163 Unternehmen. Das durch eine Datentransformation ermittelte Betriebsalter weist eine Streuung zwischen dem Minimum von 2 Jahren und dem Maximum von 171 Jahren auf. Die Werte für Schiefe (=2) und Kurtosis (=4) deuten wiederum auf eine rechtsschiefe Verteilung hin, doch ist der Grad der Verschiebung in diesem Fall nicht so deutlich wie bei den vorangegangenen Variablen. Dies zeigt sich auch daran, dass die zentralen Lageparameter (x=31; Me=19) näher zusammen liegen. Die Standardabweichung beträgt 32 und der mittlere Quartilsabstand 26.

Aus der klassifizierten Darstellung in Abbildung 12 geht hervor, dass annähernd 90% der Unternehmen bzw. Niederlassungen jünger als 60 Jahre sind und somit erst nach dem zweiten Weltkrieg gegründet wurden. Die restlichen 10% verteilen sich relativ gleichmäßig bis zum Maximum von 171 Jahren.

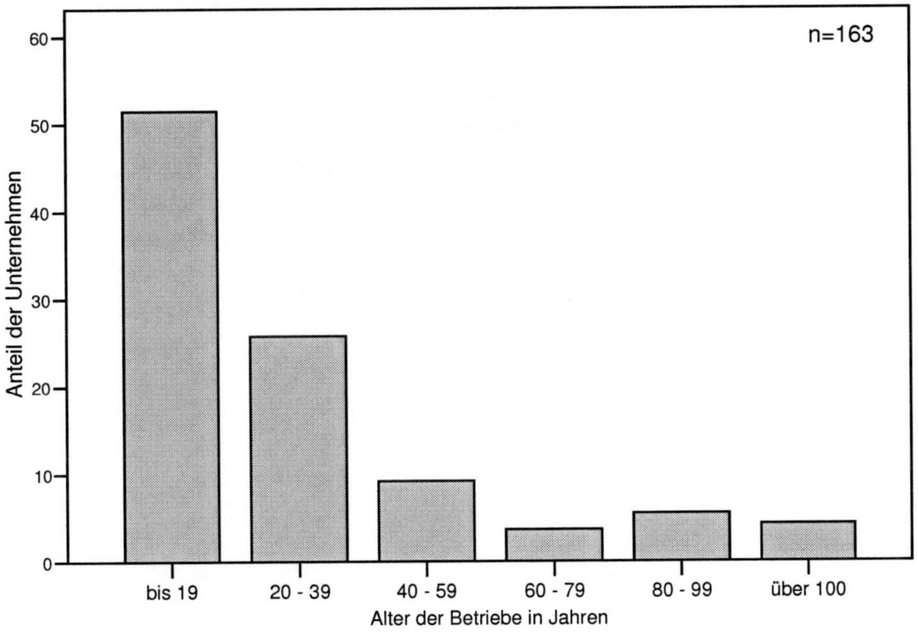

Abbildung 12: Alter der Betriebe

Quelle: eigene Erhebung

Der Branchenvergleich zeigt zum Teil wiederum klare Unterschiede. Mit einem durchschnittlichen Betriebsalter von 13 Jahren (Me=9) sind KEP-Dienste die mit Abstand jüngste Branchengattung der Stichprobe. Mit einem mittleren Quartilsabstand von 12 weisen sie zudem die geringste Wertestreuung auf (s. Abbildung 13). Speditionen ohne Selbsteintritt zählen zwar auch noch zu den jüngeren Betriebstypen (x=19; Me=14), verzeichnen dagegen aber bereits deutlich höhere Streuungsgrade (QA=19). Die klassischen Unternehmen des Gütertransports (Frachtführer und Speditionen mit Selbsteintritt) zeigen bezüglich Mittelwert und Streuung ähnliche Werte. Sie sind im Schnitt 38 Jahre alt und haben die mit Abstand größte Streuung (QA=38 bzw. 41).

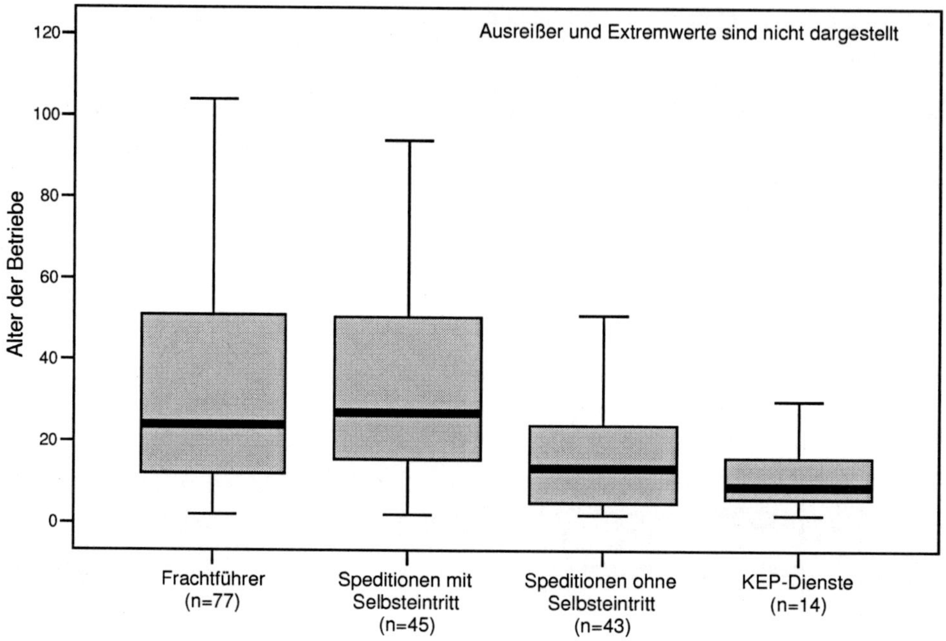

Abbildung 13: Branchenspezifische Verteilung des Betriebsalters
Quelle: eigene Erhebung

3.1.5 Fuhrpark

122 Unternehmen bzw. 72% besitzen einen eigenen Fuhrpark. Die 47 Unternehmen ohne Fuhrpark setzen sich aus sämtlichen Speditionen ohne Selbsteintritt sowie aus 4 KEP-Diensten zusammen. Bei diesen KEP-Diensten handelt es sich vermutlich um solche, die ihre Fahrer als selbständige Subunternehmer beschäftigen, die jeweils mit ihren eigenen Fahrzeugen unterwegs sind. Die 3 Unternehmen die nicht auf die Frage geantwortet haben sind Frachtführer.

Die Spannweite der Frage reicht von einem Fahrzeug bis zu einem Maximalwert von 160 Fahrzeugen. Die Werte für Schiefe (=4) und Kurtosis (=13) weisen wiederum auf eine rechtsschiefe Verteilung hin. Während die Standardabweichung 27 beträgt, ist die Streuung im mittleren Bereich deutlich geringer (QA=10). Aufgrund der Schiefe ist der Mittelwert von 15 Fahrzeugen je Unternehmen nicht besonders aussagekräftig. Der Median liegt dagegen bei nur 7 Fahrzeugen.

In der klassifizierten Darstellung von Abbildung 14 wird deutlich, dass die Verteilung der Variablen in Verbindung zu den kleinbetrieblichen Strukturen der Unternehmen zu interpretieren ist. Die ersten drei Klassen (bis 15 Fahrzeuge) repräsentieren bereits 82% der gesamten Unternehmen. Unter Einbezug der 4. Gruppe (bis 20 Fahrzeuge) sind es schon 90%. Die verbleibenden 12 Fälle verteilen sich relativ gleichmäßig bis zum Maximum von 160 Fahrzeugen.

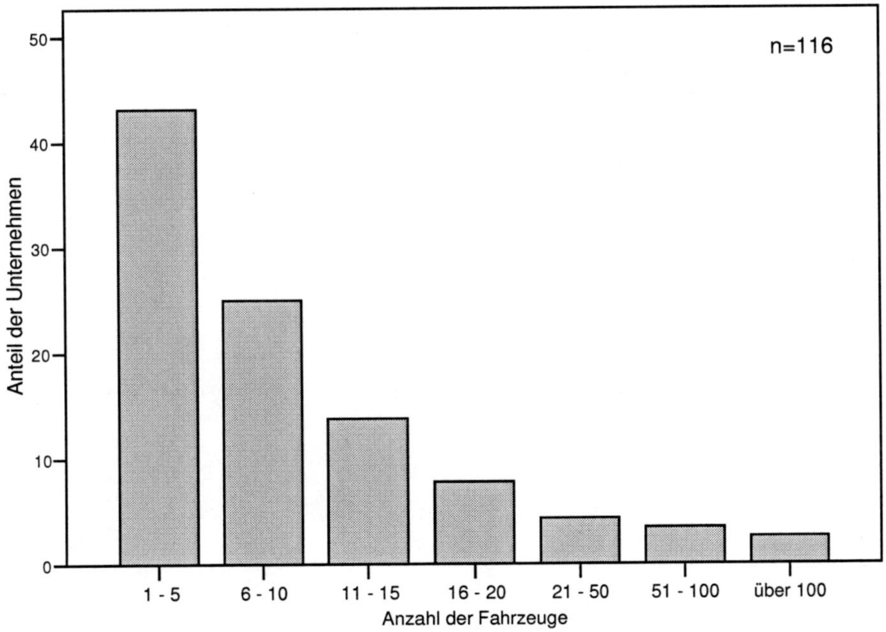

Abbildung 14: Anzahl der eigenen Fahrzeuge

Quelle: eigene Erhebung

Obwohl die Medianwerte im Branchenvergleich annähernd die gleichen Ausprägungen zeigen (Speditionen 8; Frachtführer und KEP-Dienste je 6), variieren die Mittelwerte zum Teil deutlich. Während Speditionen aufgrund von Ausreißern im Schnitt auf 22 Fahrzeuge kommen, können die anderen beiden Branchen mit je 12 Fahrzeugen pro Betrieb nur knapp halb so viele verzeichnen.

Während die Fahrzeuge von Frachtführern zur überwiegenden Mehrheit über Nacht auf dem Betriebsgelände abgestellt werden, ist dies bei Speditionen und KEP-Diensten nicht der Fall. Unter Einbezug der Fälle des teilweisen Abstellens der Fahrzeuge erhöhen sich die Werte der Frachtführer auf 87% und die der Speditionen auf 68%. KEP-Dienste stellen dagegen die einzige Branche dar, deren Fahrzeuge zur Mehrheit nicht auf dem Betriebsgelände abgestellt werden (s. Tabelle 9). Dies kann als weiteres Indiz dafür gewertet werden, dass in diesem Marktsegment überwiegend selbständige Subunternehmer mit eigenen Fahrzeugen tätig sind.

	Werden die Fahrzeuge über Nacht auf dem Betriebsgelände abgestellt?		
	ja	**nein**	**teils / teils**
Frachtführer (n=70)	70%	13%	17%
Speditionen mit Selbsteintritt (n=41)	51%	32%	17%
KEP-Dienste (n=10)	40%	50%	10%

Tabelle 9: Abstellort der Fahrzeuge

Quelle: eigene Erhebung

3.2 Angebotsstruktur

Zur Frage nach dem Leistungsangebot der Unternehmen liegen keine fehlenden Werte vor. Da für die Beantwortung der Frage Mehrfachnennungen zugelassen waren, ergeben sich insgesamt 636 gültige Antworten. Jeder Betrieb der Stichprobe führt somit im Schnitt 3 bis 4 der genannten Tätigkeiten aus. Mit 127 Nennungen stellen operative Transportleistungen die mit Abstand wichtigste Tätigkeit dar. Sie werden insgesamt von knapp drei Viertel der Unternehmen angeboten. Die klassischen Lagertätigkeiten folgen ein wenig abgeschlagen auf Platz 2 (89 Nennungen). In der Gesamtbetrachtung sind diese beiden logistischen Kernaktivitäten die einzigen beiden Leistungsbereiche, die jeweils von mehr als der Hälfte der Unternehmen angeboten werden. In allen anderen Leistungsbereichen sind dagegen weniger als 50% der Betriebe vertreten. Innerhalb dieser Gruppe heben sich jedoch die dispositiven Tätigkeiten der Transportorganisation und der Frachtvermittlung nochmals deutlich von den anderen Bereichen ab. Dagegen spielen so genannte logistische Zusatzdienste, wie die Kommissionierung, das Verpacken oder die Durchführung von Zollformalitäten, nur bei rund einem Fünftel der Unternehmen eine Rolle (s. Abbildung 15).

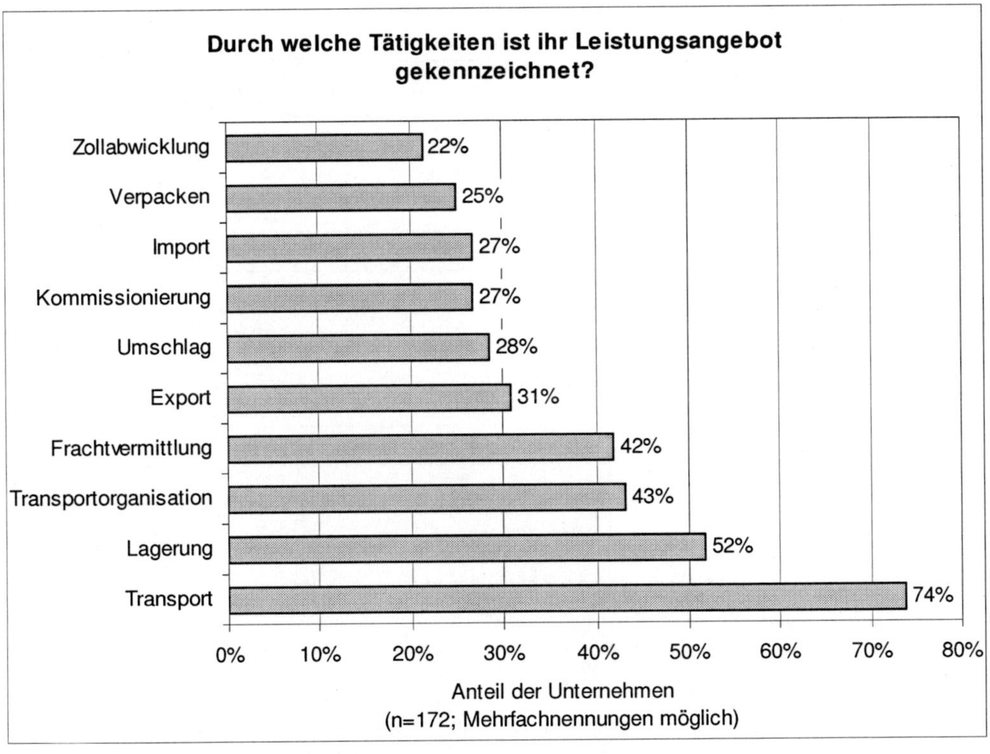

Abbildung 15: Tätigkeitsbereiche der Unternehmen
Quelle: eigene Erhebung

Im Branchenvergleich bestätigt sich die in Kapitel B, Punkt 2.2 erläuterte Spezialisierung der einzelnen Leistungsanbieter. Speditionen wurden demnach als geborene Logistikdienstleister betitelt. Unabhängig von der Frage des Selbsteintritts bieten sie im Schnitt 6 Tätigkeiten an. Das sind rund drei Mal so viele wie Frachtführer und doppelt so viele wie KEP-Dienste. Mit Ausnahme des Transports sind Speditionen in allen abgefragten Leistungsfeldern am stärksten vertreten. Unter Berücksichtigung der zum Teil internationalen Standortstruktur von Speditionen verwundert es auch nicht, dass sie im Bereich des Import- und Exportgeschäfts die mit Abstand wichtigste Rolle einnehmen.

Frachtführer sind dagegen hauptsächlich im operativen Transportgeschäft tätig. Erwähnenswert ist hier zudem der Bereich der Lagerung, der immerhin noch von fast der Hälfte der Transportunternehmen als Bestandteil des Leistungsangebots benannt wird. Logistische Zusatzaufgaben wie Zollformalitäten, Kommissionierung oder Verpacken sind für sie jedoch eher von geringerer Bedeutung.

KEP-Dienste sind neben dem Transport auch in der Frachtvermittlung und der Transportorganisation in nennenswertem Umfang tätig.

	Frachtführer (n=73)*	**Speditionen mit Selbsteintritt** (n=42)*	**Speditionen o. Selbsteintritt** (n=43)*	**KEP-Dienste** (n=14)*
Transport	100%	98%	0%	93%
Umschlag	8%	55%	44%	7%
Lagerung	43%	76%	51%	29%
Verpacken	23%	33%	26%	7%
Kommissionierung	11%	52%	35%	7%
Frachtvermittlung	12%	60%	75%	43%
Transportorganisation	19%	62%	65%	43%
Zollabwicklung	4%	31%	40%	29%
Import	3%	50%	47%	21%
Export	4%	50%	61%	21%

* Mehrfachnennungen möglich

Tabelle 10: Branchenspezifische Anteile der Tätigkeitsfelder
Quelle: eigene Erhebung

Es zeigt sich somit, dass die klassischen Tätigkeitsfelder bei den Unternehmen immer noch dominieren. Da bei der Beantwortung Mehrfachnennungen zugelassen waren sind keine statistischen Testverfahren möglich. Aus statistischer Sicht kann die These folglich nur für die vorliegende Stichprobe bestätigt werden.

3.3 Kundenstruktur

3.3.1 Anzahl der Kunden

Die Frage nach der Anzahl der Kunden wurde nur von 122 Unternehmen beantwortet. Die 50 fehlenden Angaben setzen sich annähernd je zur Hälfte aus Frachtführern und Speditionen zusammen. KEP-Dienste enthielten sich lediglich zwei Mal der Antwort. Die Spannweite der Ergebnisse reicht von einem Kunden bis zu einem Maximum von 1000 Kunden. Die Werte für Schiefe (=3) und Kurtosis (=11) deuten auch bei dieser Variablen auf eine rechtschiefe Gesamtverteilung hin. Die Betrachtung der Lageparameter verdeutlicht, dass sich die Unternehmen tendenziell durch einen geringen bis mittleren Kundenstamm charakterisieren lassen. So stellt der errechnete Mittelwert von 96 Kunden je Unternehmen bereits annähernd das 75%-Perzentil dar. Der Median liegt dagegen bei nur 30 Kunden. Lediglich 17 Betriebe zählen in ihrer Kundenkartei mehr als 200 Einträge. Die Standardabweichung der Verteilung beträgt 160 und der mittlere Quartilsabstand 110.

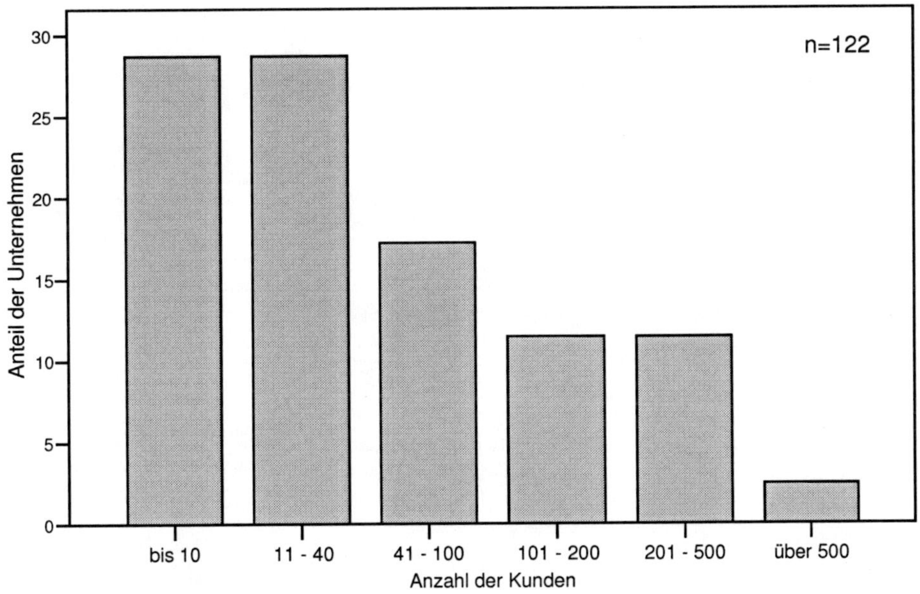

Abbildung 16: Kundenanzahl

Quelle: eigene Erhebung

Abbildung 17 zeigt dagegen die branchenspezifische Verteilung der Kundenzahlen. Frachtführer (QA=21) weisen eindeutig die geringste Streuung auf, KEP-Dienste (QA=224) dagegen die größte. Die beiden Speditionstypen unterscheiden sich diesbezüglich kaum (QA jeweils knapp 125) und kommen auf mittlere Streuungswerte. Im Schnitt verfügen Frachtführer mit Abstand über die wenigsten festen Kunden (x=40; Me=10). Damit haben sie nicht einmal halb so viele Kunden wie Speditionen ohne Selbsteintritt (x=106; Me=50) und nur knapp 20% der Kundenanzahl von Speditionen mit Selbsteintritt (x=146; Me=75) und KEP-Diensten (X=174; Me=85).

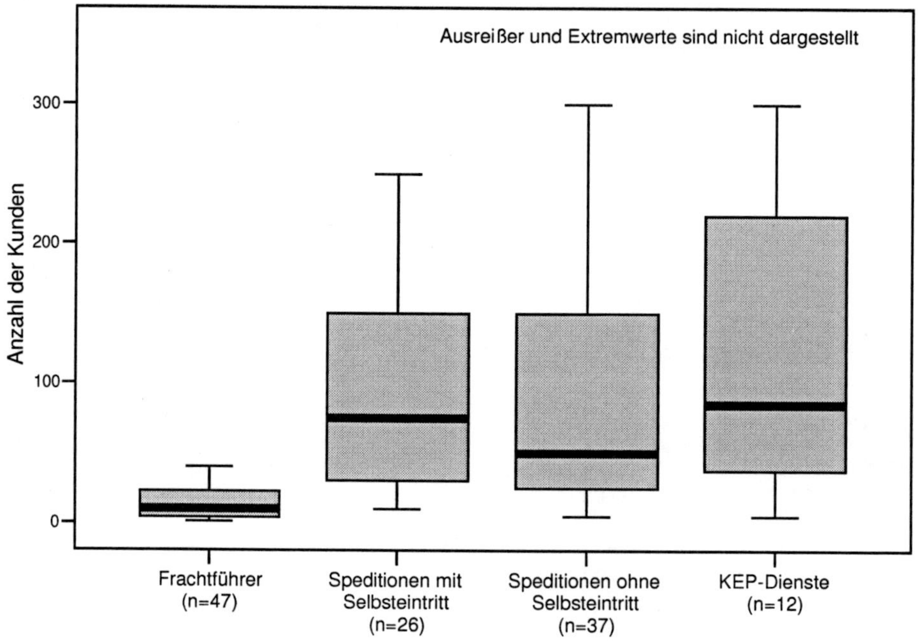

Abbildung 17: Branchenspezifische Verteilung der Kundenanzahl
Quelle: eigene Erhebung

3.3.2 Branchenzuordnung der Kunden

Im Gegensatz zur Frage nach der Kundenanzahl, haben auf die Frage nach deren Branchenzuordnung annähernd alle Unternehmen geantwortet (n=168). Aufgrund der Möglichkeit von Mehrfachnennungen ergeben sich insgesamt 636 gültige Antworten. Jedes Unternehmen ist somit im Schnitt für Kunden aus 4 verschiedenen Branchen tätig. Der Maschinenbau (78 Nennungen) und die Elektronikindustrie (74 Nennungen) stellen die beiden wichtigsten Kundenkreise dar. Darüber hinaus sind noch der Großhandel, die Automobilindustrie, der Bereich Pharma / Chemie sowie die Textilindustrie und das Bau- bzw. Baunebengewerbe von Bedeutung. Diese „TOP-7" erreichen jeweils mehr als 50 Nennungen und werden somit von mindestens einem Drittel der Unternehmen angegeben. Die Branchen sonstiges, Spedition und Transport, Druck und Medien sowie Öffentliche Hand stellen „Randgebiete" dar und können vernachlässigt werden.

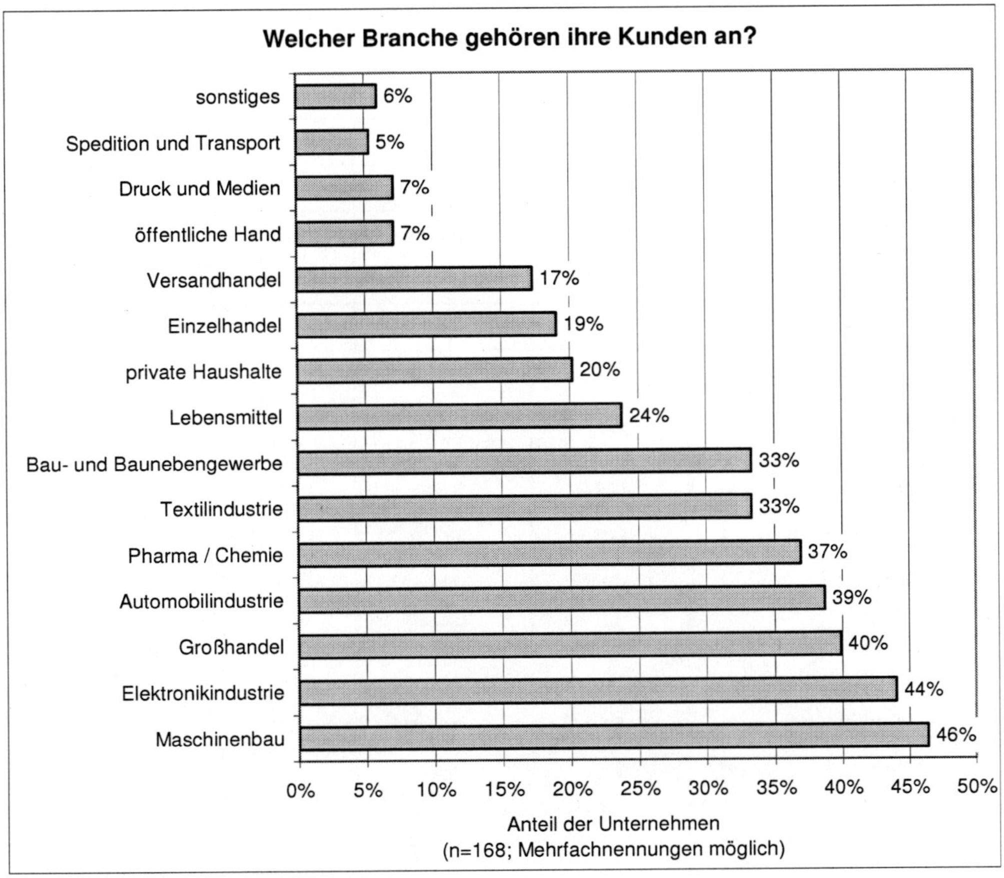

Abbildung 18: Branchenzuordnung der Kunden

Quelle: eigene Erhebung

Die branchenspezifische Struktur ist eindeutig mit dem Umfang der angebotenen Leistungen, als auch der jeweiligen Kundenanzahl in Verbindung zu bringen. So sind Frachtführer, die sich durch wenige feste Kunden und ein kleines Leistungsangebot auszeichnen, im Schnitt auch nur für Kunden aus 2 bis 3 Branchen tätig. Neben privaten Haushalten und dem Bau- bzw. Baunebengewerbe zählt bei ihnen zudem die Elektronikindustrie zu den bedeutendsten Kundenkreisen. Dagegen sind Speditionen, unabhängig von der Frage des Selbsteintritts, im Mittel für Nachfrager aus 5 Branchen aktiv. Zu den meistgenannten Antworten zählen hierbei der Maschinenbau, die Elektronik- und Automobilindustrie sowie der Großhandel und der Bereich Pharma / Chemie. Von allen Leistungsanbietern sind KEP-Dienste dagegen in den meisten Branchen vertreten. Ihre Kunden sind im Schnitt in 6 verschiedenen Bereichen angesiedelt. Die häufigsten Nennungen fallen auf die Bereiche Pharma / Chemie, die Elektronik- und Textilindustrie sowie auf den Versandhandel und das Bau- bzw. Baunebengewerbe.

	Frachtführer (n=72)*	**Speditionen mit Selbsteintritt** (n=41)*	**Speditionen ohne Selbsteintritt** (n=43)*	**KEP-Dienste** (n=12)*
Maschinenbau	24%	66%	65%	42%
Elektronikindustrie	29%	51%	51%	83%
Großhandel	21%	56%	56%	42%
Automobilindustrie	22%	66%	37%	50%
Pharma / Chemie	13%	49%	51%	92%
Textilindustrie	17%	34%	54%	58%
Bau- und Baunebengewerbe	31%	39%	23%	58%
Lebensmittel	10%	37%	37%	17%
Private Haushalte	31%	5%	12%	42%
Einzelhandel	10%	27%	21%	42%
Versandhandel	6%	22%	21%	58%
Öffentliche Hand	6%	7%	2%	0%
Druck und Medien	8%	5%	2%	25%
Spedition und Transport	8%	0%	7%	0%
sonstiges	7%	5%	9%	8%

* Mehrfachnennungen möglich

Tabelle 11: Branchenbezogene Kundenzusammensetzung

Quelle: eigene Erhebung

3.3.3 Herkunft der Kunden

Die Frage nach dem Standort bzw. der Herkunft der Kunden wurde von 171 Unternehmen beantwortet. Da auch hier Mehrfachnennungen möglich waren beträgt die Anzahl der gültigen Antworten 425. Der Großteil der Unternehmen hat seinen Kundenkreis innerhalb der Region München und in Bayern. Auf internationale Kundenbeziehungen können dagegen bereits weniger als die Hälfte der Unternehmen verweisen, wobei diesbezüglich der Raum der Europäischen Union das wichtigste Einzugsgebiet markiert (s. Tabelle 12).

Branchenspezifisch zeigen sich wiederum große Unterschiede (s. Tabelle 12). Frachtführer und KEP-Dienste sind demnach mehrheitlich nur für Kunden aus der Region München sowie aus Bayern aktiv und weisen somit den geringsten Aktionsradius auf. Der Tätigkeitsbereich von Speditionen reicht dagegen mehrheitlich bis in die EU. Speditionen ohne Selbsteintritt agieren sogar noch zu annähernd der Hälfte außerhalb der EU. Im Vergleich zu Frachtführern und KEP-Diensten zeichnen sie sich somit in stärkerem Maße auch durch internationale Kundenbeziehungen aus. Dieses Ergebnis lässt sich in Verbindung mit der zum Teil internationalen Standortstruktur der Speditionen setzen.

	Region München	**Bayern**	**Deutschland**	**EU**	**außerhalb EU**
Frachtführer (n=73)*	75%	63%	36%	22%	8%
Speditionen m. Selbsteintritt (n=42)*	67%	83%	67%	50%	19%
Speditionen o. Selbsteintritt (n=42)*	62%	74%	69%	64%	43%
KEP-Dienste (n=14)*	79%	36%	21%	21%	21%
Alle Unternehmen (n=171)*	70%	68%	50%	39%	20%

* Mehrfachnennungen möglich

Tabelle 12: Herkunft der Kunden

Quelle: eigene Erhebung

Die These, dass der Aktionsradius von Speditionen weiträumiger ist, kann folglich für die Stichprobe bestätigt werden. Durch die Möglichkeit der Mehrfachnennung sind wiederum keine Testverfahren anwendbar.

3.4 Wettbewerbsstruktur

3.4.1 Wettbewerbsstrategien

Während zwei Drittel der befragten Unternehmen (111 Fälle bzw. 65%) eine oder mehrere Wettbewerbsstrategien verfolgen, wurde diese Frage von 59 Unternehmen (35%) verneint. Bei 2 Enthaltungen ergeben sich insgesamt 170 gültige Antworten.

Im Branchenvergleich stellen Frachtführer diesbezüglich den einzigen Betriebstypen dar, der zur Mehrheit keine Strategien verfolgt. Dagegen ist die Geschäftsphilosophie der drei anderen Leistungsanbieter überdurchschnittlich oft durch Strategievorgaben gekennzeichnet (s. Abbildung 19). Ein Qui-Quadrat-Test[36] bestätigt die Vermutung, dass zwischen den Variablen „Branche“ und „Strategie“ in der Grundgesamtheit ein Zusammenhang besteht. Der Kontingenzkoeffizient von 0,37 weist jedoch lediglich auf einen mäßigen bis schwachen Zusammenhang hin.

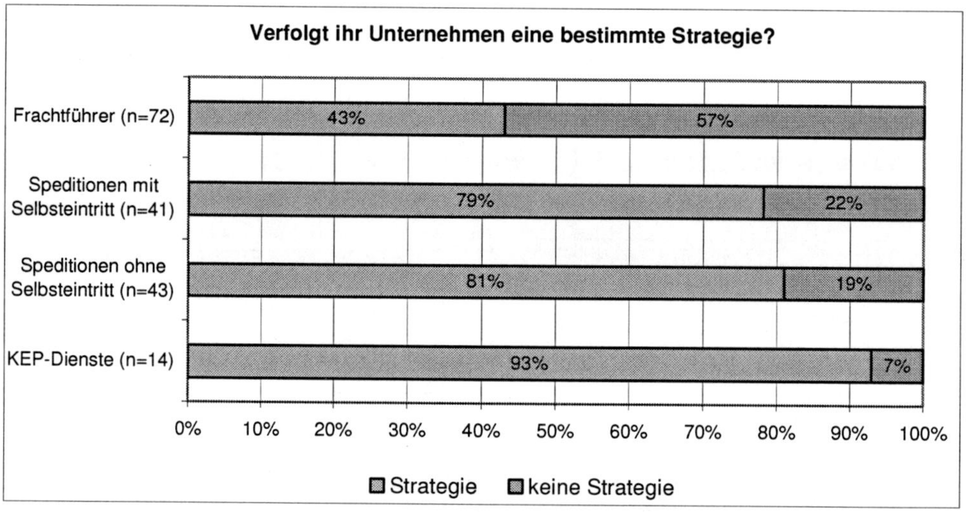

Abbildung 19: Branchenspezifische Durchführung von Wettbewerbsstrategien
Quelle: eigene Erhebung

[36] Die Voraussetzungen für den Test sind in abgeschwächter Form erfüllt. Lediglich ein Feld der Tabelle (=12,5%) hat eine erwartete Häufigkeit von kleiner 5. Bei 3 Freiheitsgraden und einem Signifikanzniveau von 5% ergibt sich ein kritischer Wert von 7,81. Die Prüfgröße ist dagegen 28,2. Die Testhypothese, dass zwischen den Variablen kein Zusammenhang besteht, kann somit falsifiziert werden.

Unter Berücksichtigung der Mitarbeiterzahlen zeigt sich zudem, dass der Geschäftsalltag mit wachsender Betriebsgröße zunehmend an bestimmten Strategien ausgerichtet ist (s. Tabelle 13). Der für die Stichprobe ersichtliche Zusammenhang zwischen dem Verfolgen einer Wettbewerbsstrategie und der Betriebsgröße lässt sich ebenfalls anhand eines Chi-Quadrat-Tests[37] für die Grundgesamtheit bestätigen. Der Kontingenzkoeffizient weist mit einem Wert von C=0,33 jedoch wiederum nur auf einen mäßigen bis schwachen Zusammenhang hin

	Verfolgt ihr Unternehmen eine bestimmte Wettbewerbsstrategie?	
	ja	**nein**
Bis 19 Mitarbeiter (n=103)	53%	47%
20 - 49 Mitarbeiter (n=32)	75%	25%
50 - 199 Mitarbeiter (n=12)	92%	8%
ab 200 Mitarbeiter (n=15)	100%	0%

Tabelle 13: Betriebsgrößenspezifische Durchführung von Wettbewerbsstrategien

Quelle: eigene Erhebung

Die These, dass die Anwendung von Strategien mit der Betriebsgröße zusammenhängt, lässt sich somit für die Grundgesamtheit bestätigen. Zudem kann nachgewiesen werden, dass auch die Branchenzugehörigkeit Einfluss auf die Wettbewerbshaltung der Unternehmen nimmt.

Bei der Frage nach der Art der Strategie waren Mehrfachnennungen möglich. Von den 111 Unternehmen welche diese Frage mit ja beantworteten, wurden insgesamt 239 Antworten gegeben. Demnach verfolgt jedes dieser Unternehmen im Schnitt 2 Wettbewerbsstrategien. Die mit Abstand häufigsten Strategien sind die „Ausweitung des Leistungsangebotes“ (57 Nennungen), die „Bildung von Kooperationen und strategischen Allianzen“ (51 Nennungen) sowie die „Konzentration auf Kernkompetenzen“ (48 Nennungen). Sie werden jeweils von knapp der Hälfte der Unternehmen angegeben. Nennenswert ist zudem noch die Strategie der Marktführerschaft (21 Nennungen), die immerhin noch jedes fünfte Unternehmen durchführt.

[37] Die Vorraussetzungen für den Test sind in abgeschwächter Form erfüllt. Lediglich ein Feld (=12,5%) hat eine kleinere erwartete Häufigkeit als 5. Bei 3 Freiheitsgraden und einem Signifikanzniveau von 5% ergibt sich ein kritischer Wert von 7,81. Die Prüfgröße ist dagegen 19,2. Die Testhypothese, dass zwischen den Variablen kein Zusammenhang besteht, kann somit verworfen werden.

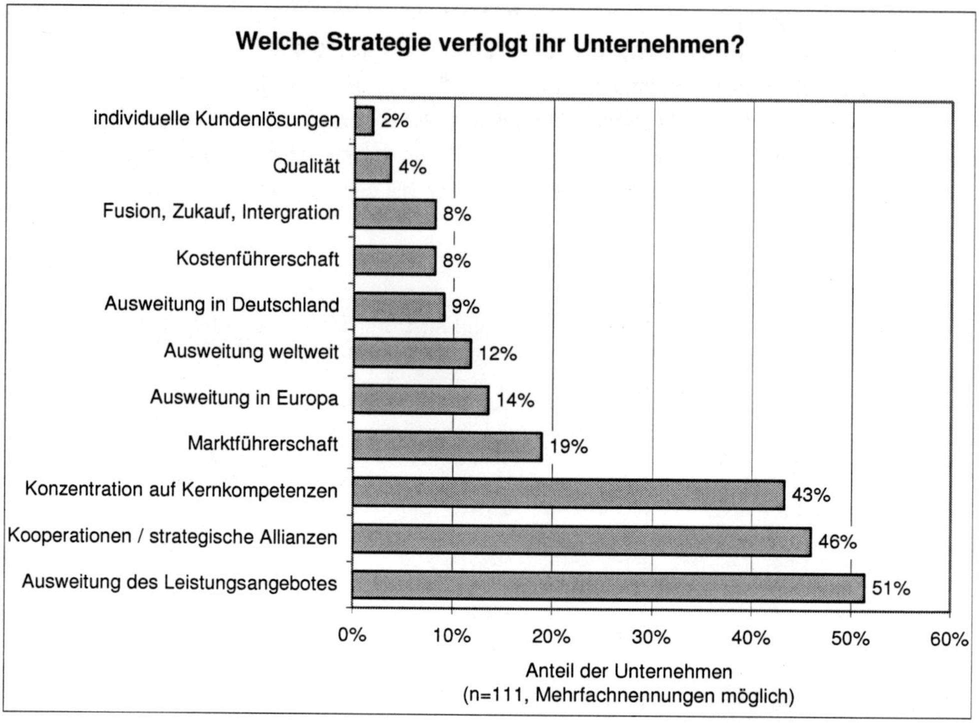

Abbildung 20: Art der Wettbewerbsstrategie
Quelle: eigene Erhebung

Bezüglich der drei meistgenannten Strategien zeigen sich im Branchenvergleich keine nennenswerten Unterschiede. Sie werden jeweils von knapp der Hälfte der Unternehmen verfolgt. Zusätzlich ist jedoch erwähnenswert, dass die Strategie der Marktführerschaft bei Frachtführern eine wesentlich wichtigere Rolle einnimmt als bei den anderen drei Leistungsanbietern. Während sie von knapp einem Drittel der Frachtführer genannt wird, sind es bei den anderen Branchen lediglich zwischen 7% und 17%. Des Weiteren bleibt anzumerken, dass Speditionen mit Selbsteintritt zu je einem Fünftel die Strategien „Ausweitung innerhalb Europas“ und „Fusion, Zukauf, Integration“ angeben. Bei den verbleibenden drei Branchen nehmen sie mit Anteilen von je unter 10% jedoch nur eine marginale Stellung ein.

3.4.2 Kooperationen

Obwohl bei der Frage nach der Wettbewerbsstrategie nur 51 Unternehmen angegeben haben, dass sie die Bildung von Kooperationen und strategischen Allianzen explizit als Unternehmensstrategie verfolgen, stehen immerhin rund doppelt so viele Firmen (105 Fälle bzw. 62%) in Kooperationen mit anderen Unternehmen. 64 der befragten Leistungsanbieter haben keine Kooperationen und 3 Unternehmen enthielten sich der Antwort.

Für diese Frage zeigt sich in der Branchenübersicht ein ähnliches Bild wie bei der Frage nach den Wettbewerbsstrategien. Während Frachtführer das einzige Marktsegment bilden, das zur Mehrzahl keine Kooperationen pflegt, unterhalten die drei anderen Betriebstypen dagegen zu mindestens zwei Drittel Beziehungen zu anderen Unternehmen. Speditionen, allen voran Speditionen ohne Selbsteintritt, jedoch noch deutlicher als KEP-Dienste (s. Abbildung 21). Dieser Zusammenhang lässt sich anhand eines Qui-Quadrat-Tests[38] für die Grundgesamtheit bestätigen. Der Kontingenzkoeffizient weist mit einem Wert von C=0,33 wiederum nur auf einen mäßig bis schwachen Zusammenhang hin.

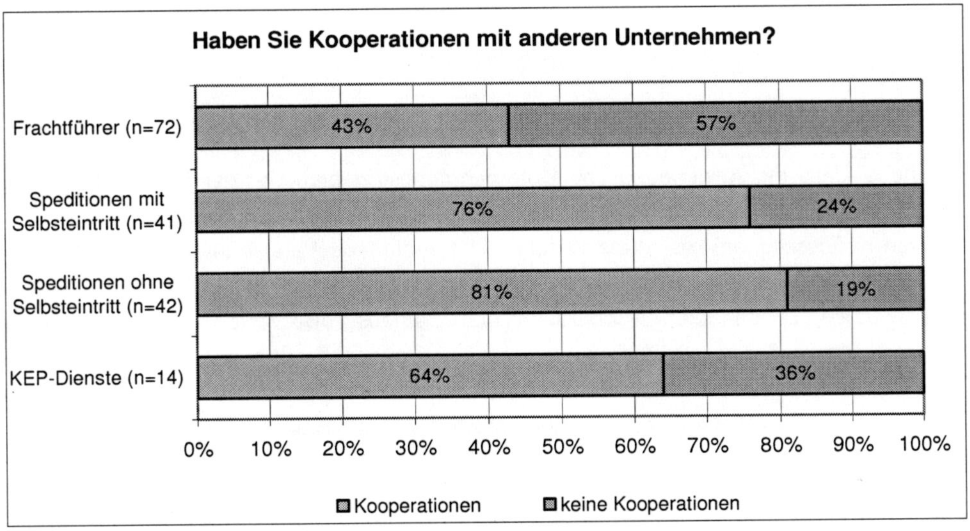

Abbildung 21: Branchenspezifische Durchführung von Kooperationen

Quelle: eigene Erhebung

[38] Die Voraussetzungen für den Test sind erfüllt. Bei 3 Freiheitsgraden und einem Signifikanzniveau von 5% ergibt sich ein kritischer Wert von 7,81. Die Prüfgröße ist dagegen 20,6. Die Testhypothese, dass zwischen den Variablen kein Zusammenhang besteht, kann somit falsifiziert werden.

Bezüglich der Betriebsgröße lassen sich jedoch keine klaren Unterschiede feststellen. Alle Betriebsgrößenklassen weisen zur Mehrzahl Kooperationen auf. In der Klasse „20 bis 49 Mitarbeiter" zeigt sich mit fast drei Viertel Mehrheit jedoch ein deutlicheres Bild als in den anderen Betriebsgrößenklassen (s. Tabelle 14). Der durchgeführte Chi-Quadrat-Test[39] kommt ebenfalls zu dem Ergebnis, dass zwischen den Variablen „Betriebsgröße" und „Kooperationen" in der Grundgesamtheit kein Zusammenhang besteht.

	Haben Sie Kooperationen mit anderen Unternehmen?	
	ja	**nein**
Bis 19 Mitarbeiter (n=103)	58%	42%
20 - 49 Mitarbeiter (n=32)	72%	28%
50 - 199 Mitarbeiter (n=11)	55%	45%
ab 200 Mitarbeiter (n=15)	60%	40%

Tabelle 14: Betriebsgrößenspezifische Durchführung von Kooperationen
Quelle: eigene Erhebung

Die These, dass die Anwendung von Unternehmensstrategien von der Betriebsgröße abhängt, wurde weiter oben im Allgemeinen bereits bestätigt. Wenn man jedoch die Durchführung von Kooperationen explizit als verfolgte Unternehmensstrategie interpretiert, muss die These für diesen Fall falsifiziert werden. So kann für die Grundgesamtheit kein Zusammenhang zwischen den Variablen „Kooperation" und „Betriebsgröße" festgestellt werden. Dagegen zeigt sich wiederum ein Zusammenhang zur Branchenzugehörigkeit. Die These kann daher folgendermaßen umformuliert werden: Die Durchführung von Wettbewerbsstrategien, im Sinne von Kooperationen, hängt im Wesentlichen von der Branchenzugehörigkeit ab.

[39] Die Voraussetzungen des Tests sind in abgeschwächter Form erfüllt. Lediglich eine Zelle (12,5%) weist eine kleinere erwartete Häufigkeit als 5 auf. Bei 3 Freiheitsgraden und einem Signifikanzniveau von 5% liegt der kritische Wert bei 7,81, der Prüfwert jedoch bei nur 2,1. Die Testhypothese, dass zwischen den Variablen kein Zusammenhang besteht, wird somit bestätigt.

3.4.2.1 Anzahl der Kooperationspartner

Die Frage nach der Anzahl der Kooperationspartner wurde von 93 Unternehmen beantwortet. Die gegebenen Antworten streuen in einem Bereich zwischen 1 und 250. Die Werte für Schiefe (=3) und Kurtosis (=11) deuten auf eine rechtsschiefe Gesamtverteilung hin. Dies verdeutlicht sich bei Betrachtung der Lageparameter. Der errechnete Mittelwert von 23 Kooperationspartnern je Unternehmen stellt gleichzeitig das 80%-Perzentil dar. Der Median der Verteilung liegt dagegen lediglich bei 5 Partnern. Bei nur 8 Unternehmen erreicht die Anzahl der Partner 100 oder mehr. Während die Standardabweichung 43 beträgt, ist die Streuung im mittleren Bereich deutlich geringer (QA=13).

In Abbildung 22 ist die klare Tendenz zu einer geringen Anzahl von Kooperationspartnern zu erkennen. Während die ersten beiden Klassen bereits drei Viertel aller Werte beinhalten, sind unter Einbezug der dritten Klasse schon 85% eingeschlossen. Sämtliche Angaben ab der vierten Klasse sind bereits als Ausreißer und Extremwerte zu bezeichnen.

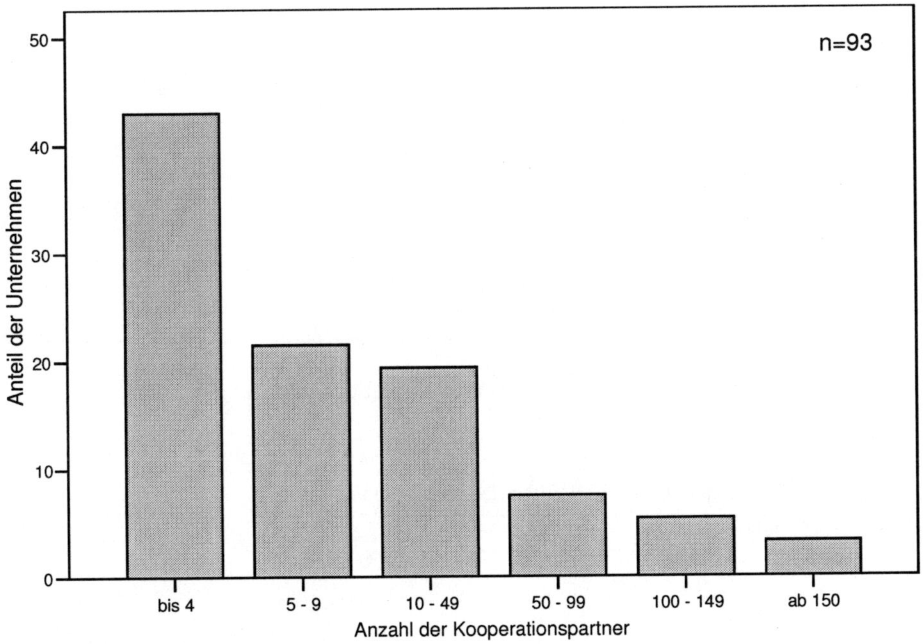

Abbildung 22: Anzahl der Kooperationspartner

Quelle: eigene Erhebung

KEP-Dienste weisen insgesamt die mit Abstand größte Wertestreuung auf (s. Abbildung 23). Mit einer Standardabweichung von 95 und einem mittleren Quartilsabstand von 112 streuen sie mehr als drei Mal so stark wie die drei anderen Branchen. Dennoch können sie zusammen mit den Frachtführern die mit Abstand wenigsten Kooperationspartner verbuchen. Ihr Mittelwert liegt bei 20, ihr Median dagegen bei nur bei 3 Partnern. Obwohl Speditionen, unabhängig von der Frage des Selbsteintritts, im Schnitt auch auf 20 Kooperationspartner kommen, zeigt sich jedoch durch den Median (Me=6), dass sie tendenziell durchaus mehr Kooperationen pflegen als ihre Konkurrenten.

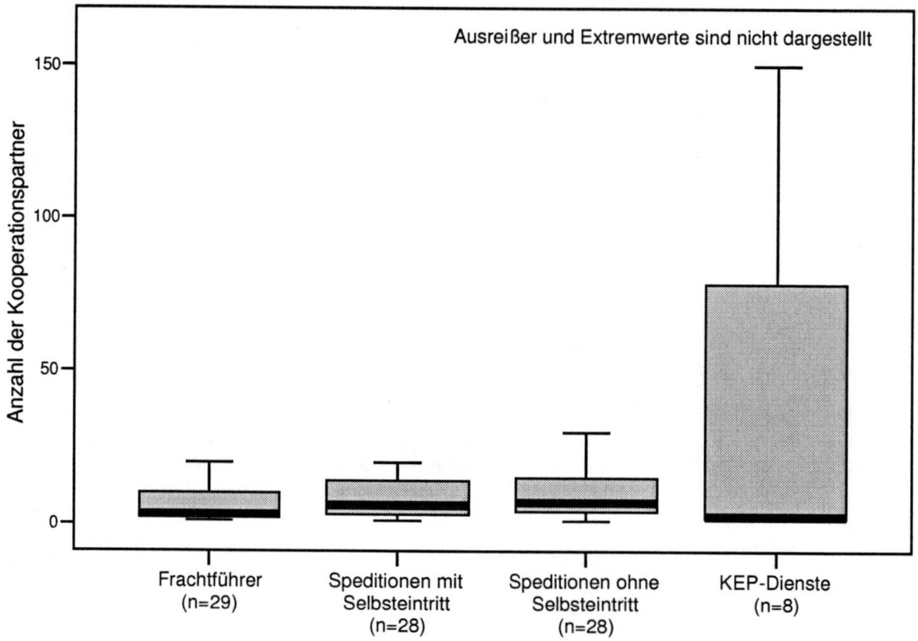

Abbildung 23: Branchenspezifische Verteilung der Kooperationspartner
Quelle: eigene Erhebung

3.4.2.2 Standorte der Kooperationspartner

Die Frage nach dem Standort der Kooperationspartner wurde von 104 Unternehmen beantwortet. Ähnlich wie bei der Frage nach der Herkunft der Kunden waren auch hier Mehrfachnennungen möglich. Die Anzahl der gültigen Antworten beträgt 212. Für die Gesamtverteilung zeigt sich ein sehr ausgeglichenes Bild (s. Tabelle 15). Alle Gebietseinheiten erreichen jeweils Anteile zwischen 33% und 47%. Im Vergleich zur Herkunft der Kunden zeigt sich somit ein deutlich weiträumigeres Tätigkeitsfeld.

Der Branchenvergleich offenbart jedoch wieder klare Unterschiede (s. Tabelle 15). Frachtführer stellen den einzigen Betriebstyp dar, dessen Kooperationspartner überdurchschnittlich oft in der Region München und in Bayern angesiedelt sind. Während Deutschland bzw. die EU noch zu knapp einem Drittel genannt werden, spielen weltweite Kooperationen für Frachtführer keine nennenswerte Rolle. Die Partner von Speditionen mit Selbsteintritt sind bereits mehrheitlich im nationalen und europäischen Bereich zu finden. Der Schwerpunkt für Speditionen ohne Selbsteintritt liegt dagegen eindeutig im europäischen und außereuropäischen Bereich.

	Region München	Bayern	Deutschland	EU	außerhalb EU
Frachtführer (n=31)*	81%	52%	36%	29%	10%
Speditionen mit Selbsteintritt (n=31)*	32%	39%	65%	48%	29%
Speditionen ohne Selbsteintritt (n=33)*	18%	27%	42%	52%	58%
KEP-Dienste (n=9)*	56%	22%	44%	44%	22%
Alle Unternehmen (n=104)*	44%	38%	47%	43%	33%

* Mehrfachnennungen möglich

Tabelle 15: Standorte der Kooperationspartner

Quelle: eigene Erhebung

Auch diese Variable kann zur Bestätigung der These, dass Speditionen einen weiträumigeren Aktionsradius haben, herangezogen werden. Aufgrund von Mehrfachnennungen sind wiederum keine Testverfahren möglich. Die Ergebnisse gelten somit streng genommen nur für die vorliegende Stichprobe.

3.5 Standortstruktur

3.5.1 Lage des Standortes

Die Frage nach der Lage des Betriebsstandortes wurde von 171 Unternehmen beantwortet. Aufgrund der Möglichkeit von Mehrfachnennungen ergeben sich insgesamt 343 gültige Antworten. Zusammenfassend kann festgehalten werden, dass die drei Lagebeschreibungen „Autobahnnähe" (98 Nennungen), „randstädtisch" (91 Nennungen) und „Gewerbe- bzw. Industriegebiet" (82 Nennungen) die mit Abstand wichtigsten Lagekriterien darstellen. Sie wurden jeweils von knapp der Hälfte der Unternehmen angegeben. Dieses Ergebnis steht im Einklang zur räumlichen Verteilung der Grundgesamtheit (vgl. Kap. C, Punkt 2), die sich größtenteils auch durch Autobahnnähe und eine tendenziell randstädtische Lage kennzeichnen lässt.

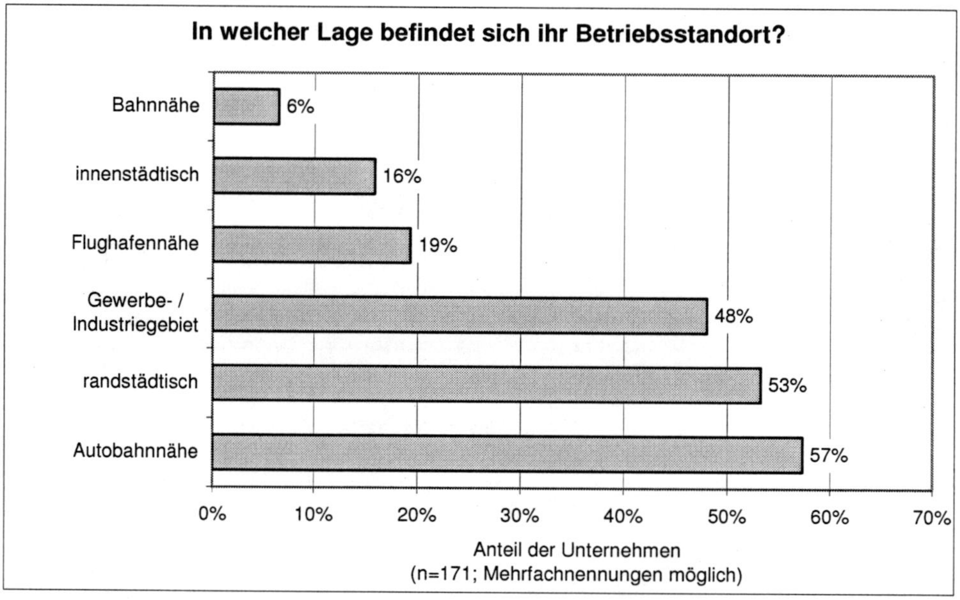

Abbildung 24: Standortlage

Quelle: eigene Erhebung

Im Branchenvergleich zeigt sich deutlich, dass für Unternehmen mit vermeintlich geringem Flächenanspruch, wie z.B. KEP-Dienste im Sinne von städtischen Kurierdiensten, die innenstädtische Lage durchaus von Bedeutung ist. Auch die bürointensive Branche der Speditionen ohne Selbsteintritt hat ihren Standort noch zu gut einem Viertel in innenstädtischen Lagen. Dagegen präferieren Frachtführer und Speditionen mit Selbsteintritt eher die randstädtische Lage. Dies kann darauf zurückgeführt werden, dass diese Unternehmen aufgrund ihres Fuhrparks weitaus größere Flächen in Anspruch nehmen müssen als „reine" Bürobetriebe. Die wichtigste verkehrsinfrastrukturelle Vorraussetzung scheint für alle Branchen die Autobahnnähe zu sein. Bis auf KEP-Dienste, die sich größtenteils in innenstädtischen Lagen befinden, sind die Unternehmen der anderen drei Branchen zu mindestens der Hälfte in der Nähe zu Autobahnen angesiedelt. Während die „Flughafennähe“ bei Speditionen durchaus noch von Bedeutung ist, spielt die „Nähe zu einem Bahn- bzw. Gleisanschluss“ für keine Unternehmen eine nennenswerte Rolle.

	Frachtführer (n=73)*	**Speditionen mit Selbsteintritt** (n=42)*	**Speditionen ohne Selbsteintritt** (n=42)*	**KEP-Dienste** (n=14)*
innenstädtisch	14%	0%	26%	43%
randstädtisch	53%	69%	48%	21%
Gewerbe- bzw. Industriegebiet	38%	76%	38%	43%
Flughafennähe	14%	33%	21%	0%
Autobahnnähe	53%	81%	50%	29%
Bahnnähe	8%	5%	7%	0%

* Mehrfachnennungen möglich

Tabelle 16: Branchenspezifische Standortlage

Quelle: eigene Erhebung

Kleinere Unternehmen sind tendenziell öfter in innenstädtischen Lagen vertreten als größere. Andererseits suchen größere Betriebe ihren Standort vermehrt in strategisch günstigen Lagen. So haben sie jeweils die meisten Antworten bezüglich der Lagekriterien „Autobahn- und Flughafennähe“ sowie „Industrie- und Gewerbegebiet“ gegeben (s. Tabelle 17).

	bis 19 Mitarbeiter (n=103)*	**20 bis 49 Mitarbeiter** (n=33)*	**50 bis 199 Mitarbeiter** (n=12)*	**ab 200 Mitarbeiter** (n=15)*
innenstädtisch	17%	27%	8%	0%
randstädtisch	57%	42%	58%	53%
Gewerbe- bzw. Industriegebiet	44%	55%	42%	73%
Flughafennähe	17%	12%	25%	40%
Autobahnnähe	54%	39%	67%	87%
Bahnnähe	6%	3%	0%	13%

* Mehrfachnennungen möglich

Tabelle 17: Betriebsgrößenspezifische Standortlage

Quelle: eigene Erhebung

3.5.2 Eigentumsverhältnisse

Für die Frage nach den Eigentumsverhältnissen liegen insgesamt 170 gültige Antworten vor. Demnach befinden sich rund drei Viertel (77%) der Flächen nicht in Firmeneigentum. Die überwiegende Mehrzahl der Unternehmen hat seine Betriebsflächen also von anderen Grundeigentümern angemietet.

Branchenspezifisch zeigt sich, dass alle Betriebstypen zur Mehrzahl als Mieter auftreten (s. Abbildung 25). Die Betriebsflächen von Frachtführern und Speditionen mit Selbsteintritt zählen jedoch eindeutig häufiger zum Firmeneigentum als bei Speditionen ohne Selbsteintritt und KEP-Diensten. So setzt sich auch die Gruppe der Flächeneigentümer zu knapp 95% aus den beiden erstgenannten Branchen zusammen. Darüber hinaus kann festgestellt werden, dass Unternehmen mit eigenem Fuhrpark zu 97% auch Flächeneigentümer sind.

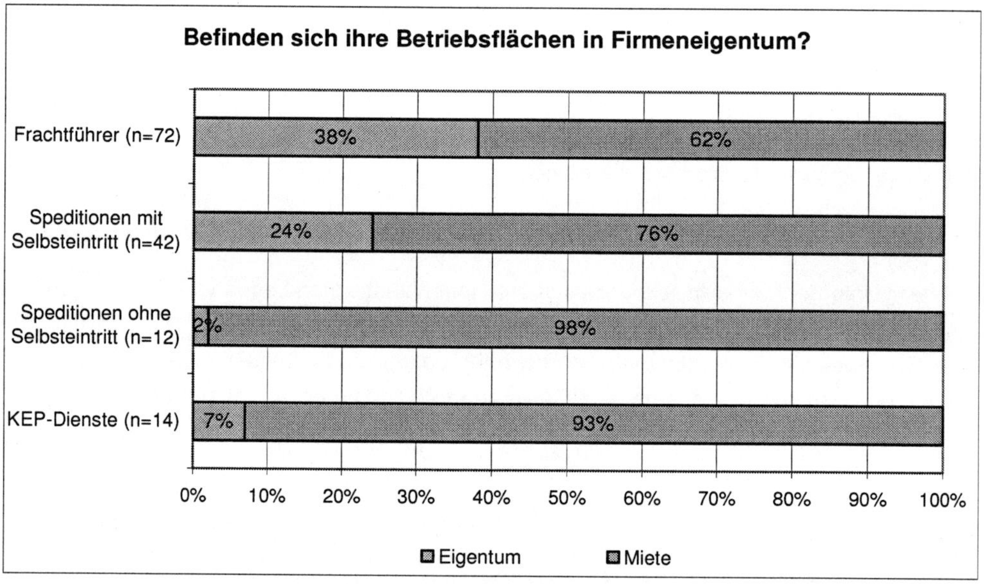

Abbildung 25: Branchenspezifische Eigentumsverhältnisse

Quelle: eigene Erhebung

Neben den Branchen überwiegt auch in sämtlichen Betriebsgrößenklassen die Anmietung von Flächen. In Tabelle 18 fällt jedoch auf, dass jeweils die kleinste und die größte Mitarbeiterklasse am deutlichsten zu den Flächeneigentümern zählen. Dieses Ergebnis bestätigt sich auch bei isolierter Betrachtung der Gruppe von Flächeneigentümern. Diese setzt sich zu annähernd 70% aus der kleinsten Betriebsgrößenklasse und zu 16% aus der größten zusammen. Die beiden mittleren Betriebsgrößenkategorien erreichen jeweils nur Anteile zwischen 5 und 10%.

	Eigentum	Miete
bis 19 Mitarbeiter (n=103)	25%	75%
20 - 49 Mitarbeiter (n=32)	13%	87%
50 - 199 Mitarbeiter (n=12)	17%	83%
ab 200 Mitarbeiter (n=15)	40%	60%

Tabelle 18: Betriebsgrößenspezifische Eigentumsverhältnisse

Quelle: eigene Erhebung

Dass Betriebe in innerstädtischen Lagen nur zu 4% auch Flächeneigentümer sind, ist wohl größtenteils auf die hohen Immobilienpreise zurückzuführen. Bei allen anderen „Lagekategorien" aus Punkt 3.5.1 schwanken die Eigentumsquoten zwischen 20 und 35%.

3.5.3 Flächenansprüche

3.5.3.1 Büroflächen

Aus den 158 gültigen Antworten geht hervor, dass jedes dieser Unternehmen am Standort München über Büroflächen verfügt. Die Spannweite der Flächengröße reicht von $6m^2$ bis $2.000m^2$. Die Werte für Schiefe (=3) und Kurtosis (=16) weisen auf eine rechtsschiefe Verteilung hin. Während der Mittelwert bei $196m^2$ liegt, ist der Median mit $100m^2$ nur knapp halb so groß. Der Mittelwert stellt bereits das 75%-Perzentil dar. Die Standardabweichung ist 288 und der mittlere Quartilsabstand 177. Für die Büroflächen ist folglich eine deutliche Tendenz zu kleinen Flächengrößen feststellbar.

Frachtführer (x=130; Me=50) und KEP-Dienste (x=95; Me=65) weisen insgesamt die geringsten Büroflächenansprüche auf. Mit einem mittleren Quartilsabstand von 95 zeigen KEP-Dienste zudem die geringste Wertestreuung. Speditionen streuen dagegen viel deutlicher und frageb tendenziell auch größere Büroflächen nach (s. Abbildung 26). So liegt der Median für Speditionen ohne Selbsteintritt bei $180m^2$ (x=217) und für Speditionen mit Selbsteintritt bei $200m^2$ (x=300).

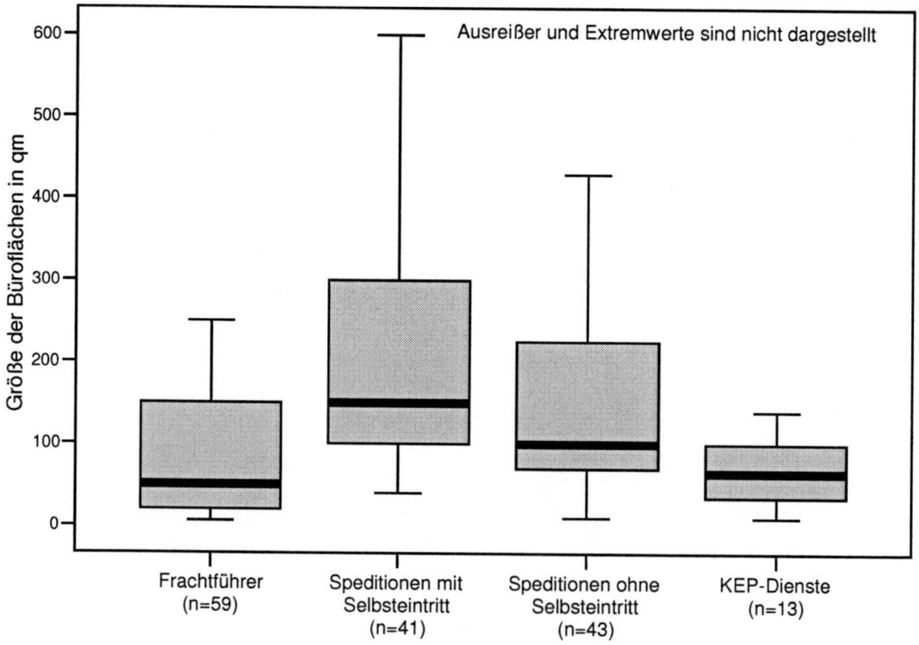

Abbildung 26: Branchenspezifische Büroflächengröße

Quelle: eigene Erhebung

3.5.3.2 Lagerflächen

105 Unternehmen (=67%) geben an, in der Region München über Lagerflächen zu verfügen. Die 53 Betriebe ohne Lagerflächen setzen sich fast zur Hälfte aus Speditionen ohne Selbsteintritt zusammen. Dies ist wohl größtenteils auf ihre rein dispositive Tätigkeit zurückzuführen. Demnach kaufen sie neben Transport- wohl auch Lagerleistungen verstärkt bei Drittanbietern ein. Zusammen mit den KEP-Diensten sind dies die einzigen beiden Branchen, die zu mehr als der Hälfte keine Lagerflächen unterhalten. Frachtführer und Speditionen mit Selbsteintritt können dagegen zur überwiegenden Mehrzahl (75% bzw. 80%) auf welche zurückgreifen.

Die Spannweite der Lagerflächengröße reicht von 10m^2 bis 30.000m^2. Schiefe (=5) und Kurtosis (=28) weisen auch hier auf eine deutlich rechtsschiefe Werteverteilung hin. Die durchschnittliche Lagerflächengröße beträgt 2.000m^2, der Median liegt jedoch nur bei 600m^2. Auch hier stellt der Mittelwert bereits das 75-Perzentil dar. Während die Standardabweichung 3.970 beträgt, ist der mittlere Quartilsabstand mit 1.700 nur knapp halb so groß.

Wie schon bei der Bürofläche, weisen KEP-Dienste auch bei den Lagerflächen die kleinsten Ansprüche auf (x=184; Me=100; QA=340). Die drei anderen Branchen verfügen dagegen tendenziell über größere Lagerflächen. Unabhängig von der Frage des Selbsteintritts können Speditionen im Schnitt auf 2.400m^2 (Me=1.100) Lagerfläche zurückgreifen. Frachtführer kommen im Mittel immerhin noch auf 1.700m^2 (Me=500).

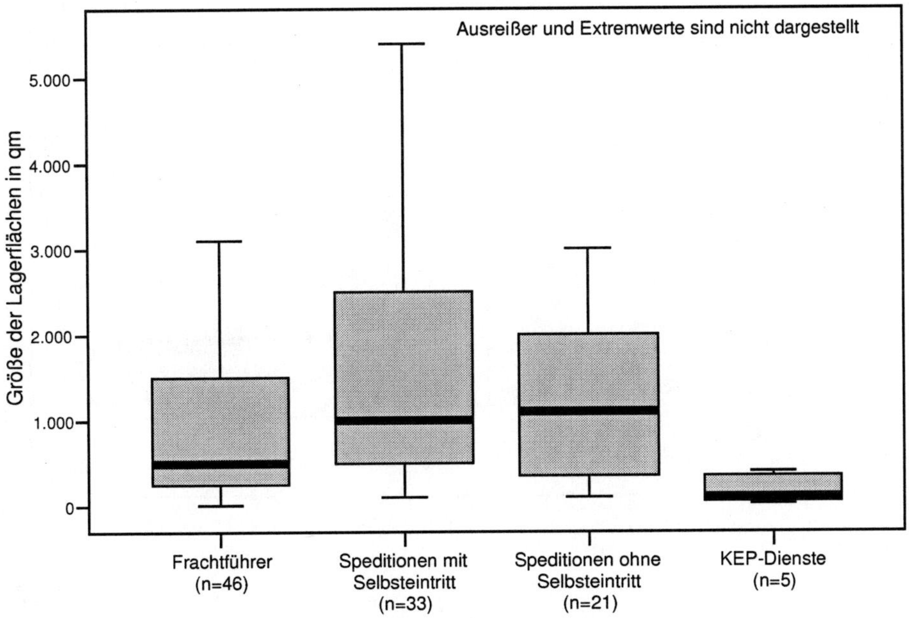

Abbildung 27: Branchenspezifische Lagerflächengröße

Quelle: eigene Erhebung

3.5.3.3 Freiflächen

Die Mehrzahl der befragten Unternehmen (96 Betriebe bzw. 56%) verfügen über keine Freiflächen. Da Speditionen ohne Selbsteintritt und KEP-Dienste lediglich zu einem knappen Fünftel über Freiflächen verfügen, werden sie aufgrund der geringen Fallzahl im Folgenden nicht weiter berücksichtigt. Frachtführern und Speditionen mit Selbsteintritt stehen dagegen mehrheitlich (56% bzw. 61%) Freiflächen zur Verfügung.

Die Spannweite der Flächengröße reicht von $20m^2$ bis $36.000m^2$. Während die Freiflächen im Mittel $2.650m^2$ zählen, beträgt der Median mit einem Wert von $800m^2$ jedoch nur knapp ein Drittel. Schiefe (=4) und Kurtosis (=22) bestätigen die rechtsschiefe Verteilung. Während die Standardabweichung 5.405 beträgt, ist der mittlere Quartilsabstand nur knapp halb so groß (QA=2.300).

Im Vergleich zeigt sich, dass die Wertestreuung im mittleren Bereich bei Frachtführern (QA=2.400) und Speditionen mit Selbsteintritt (QA=2.700) ähnliche Maße annimmt (s. Abbildung 28). Trotzdem sind die Freiflächen bei Frachtführern (x=2.500; Me=900) tendenziell kleiner als bei Speditionen (x=3.600; Me=1.500).

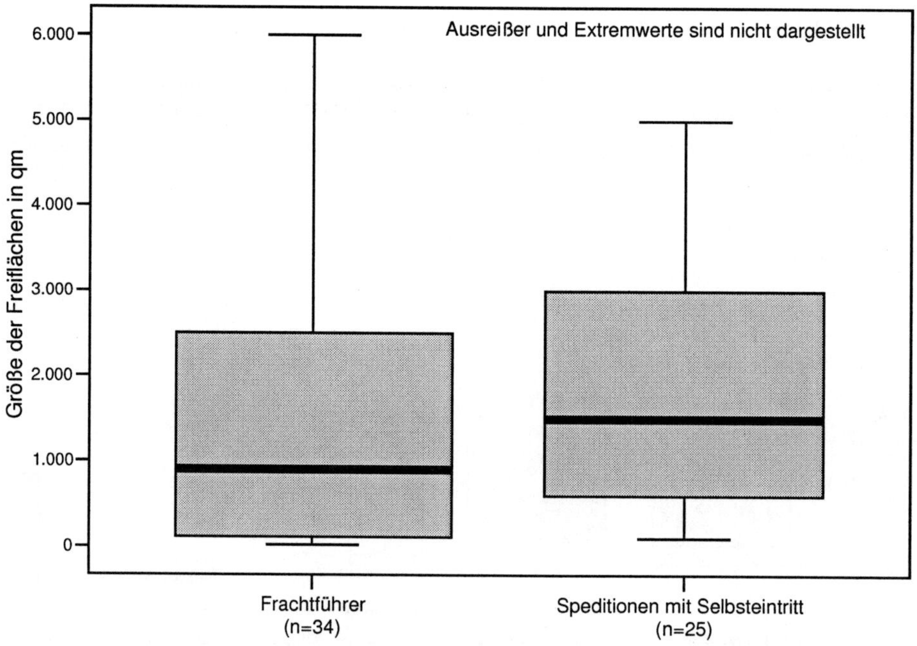

Abbildung 28: Branchenspezifische Freiflächengröße

Quelle: eigene Erhebung

3.5.3.4 Verkehrsflächen

Lediglich ein Fünftel der Unternehmen (33 Betriebe) gibt an, am Standort München über Verkehrsflächen zu verfügen. Darunter fallen 20 Frachtführer, 7 Speditionen mit Selbsteintritt und 6 Speditionen ohne Selbsteintritt. Es zeigt sich somit, dass hauptsächlich die klassischen Unternehmen des Gütertransports, die auch einen größeren Fuhrpark besitzen, Verkehrsflächen aufweisen können. Aufgrund der geringen Fallzahl und der großen Wertestreuung können diesbezüglich jedoch keine vernünftigen Aussagen getätigt werden. Deshalb werden hier nur die Eckpunkte der Verteilung genannt. Die Spannweite der Ergebnisse reicht von 100m^2 bis 20.000m^2. Im Schnitt kommt jedes der 33 Unternehmen auf 2.200m^2 (Me=1.000). Das 80%-Perzentil liegt bei 2.600m^2.

3.5.4 Künftiger Flächenbedarf

Auf die Frage nach dem Flächenbedarf der nächsten drei bis fünf Jahre gaben 168 Unternehmen eine gültige Antwort. Mehrheitlich wird diesbezüglich von gleich bleibenden Ansprüchen ausgegangen. KEP-Dienste sind branchenspezifisch jedoch die einzigen Unternehmen, die überdurchschnittlich oft von steigenden Flächenansprüchen ausgehen, gleichzeitig aber auch den größten Anteil im Bereich der sinkenden Ansprüche verzeichnen. Die Planungen der anderen Leistungsanbieter sind weitestgehend mit der Gesamtverteilung vergleichbar (s. Abbildung 29).

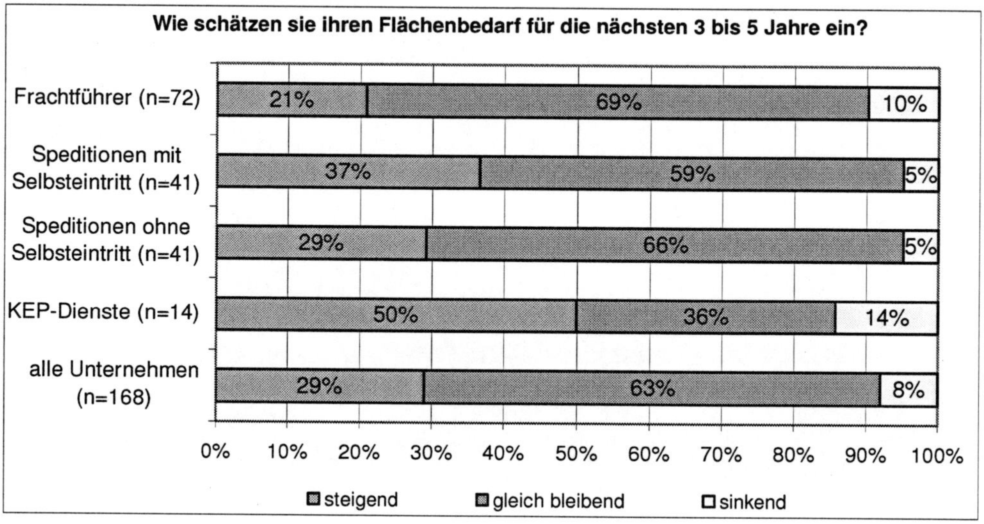

Abbildung 29: Flächenbedarf der kommenden 3 bis 5 Jahre
Quelle: eigene Erhebung

Bei isolierter Betrachtung der Gruppe von Betrieben mit sinkenden Flächenansprüchen zeigt sich deutlich, dass Frachtführer mit einem Anteil von 54% mehr als 3 mal so häufig von Betriebsverkleinerungen ausgehen als alle anderen Branchen (je knapp 15%).

Unter Einbezug der Betriebsgröße wird ersichtlich, dass Unternehmen ab 200 Mitarbeitern als einzige Klasse mehrheitlich von steigenden Flächenansprüchen ausgehen (s. Tabelle 19). Betriebe bis 19 Mitarbeiter stellen dagegen diejenige Gruppe von Unternehmen dar, die zu annähernd drei Viertel vorerst keinerlei Flächenveränderung plant. Für Betriebe der beiden mittleren Betriebsgrößenklassen ist dahingehend jedoch kein eindeutiger Trend festzustellen. Sinkende Flächenbedarfe spielen für sämtliche Betriebsgrößenklassen nur eine untergeordnete Rolle.

	Wie schätzen Sie Ihren Flächenbedarf in den nächsten 3 – 5 Jahren ein?		
	steigend	**gleich bleibend**	**sinkend**
Bis 19 Mitarbeiter (n=102)	20%	74%	6%
20 - 49 Mitarbeiter (n=33)	46%	46%	8%
50 - 199 Mitarbeiter (n=11)	46%	54%	0%
ab 200 Mitarbeiter (n=14)	57%	36%	7%

Tabelle 19: Betriebsgrößenspezifischer Flächenbedarf der kommenden 3 bis 5 Jahre

Quelle: eigene Erhebung

3.6 Standortdynamik

3.6.1 Anzahl der Standortwechsel

Auf die Frage nach der Anzahl der Standortwechsel haben 166 Unternehmen geantwortet. Die Spannweite der Antworten reicht von 0 bis 8. Der Maximalwert wurde jedoch lediglich von einem Unternehmen angegeben. Die nächst geringere Anzahl sind dagegen nur mehr 5 Standortwechsel. Aus statistischen Gründen wird deshalb im Folgenden auf diesen einen Wert verzichtet. Das n reduziert sich somit auf 165 und die Spannweite auf 0 bis 5 Standortwechsel (s. Abbildung 30). Die Werte für Schiefe (=1) und Kurtosis (=0) weisen nunmehr auf eine nur noch leicht rechtsschiefe Verteilung hin. Darüber hinaus sind die drei Lageparameter Median (Me=1), Mittelwert (x=1,2) und Modus (Md=0) fast identisch. Somit kann annähernd von einer Normalverteilung ausgegangen werden. Obwohl dies durch den Kolmogorov-Smirnov-Test[40] nicht nachgewiesen wird, bestätigt sich die Annahme jedoch weitestgehend aufgrund des Normalverteilungsdiagramms (s. Abbildung 31).

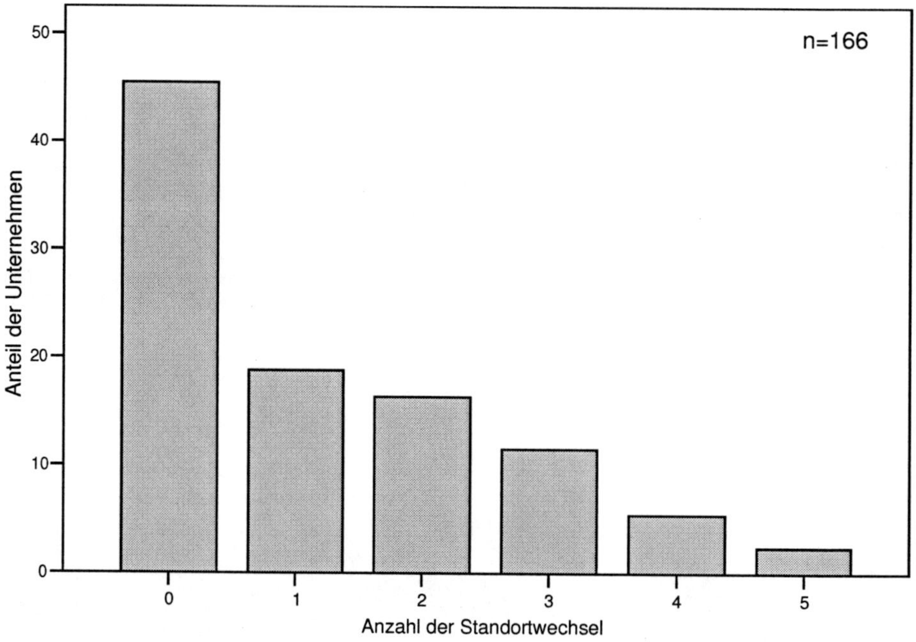

Abbildung 30: Anzahl der Standortwechsel

Quelle: eigene Erhebung

[40] Der Kolmogorov-Smirnov-Test ist ein Signifikanztest auf Normalverteilung. Der Test prüft jedoch nur die Hypothese perfekter Normalverteilung. Bei einer annähernden Normalverteilung kann er deshalb durchaus auch negative Ergebnisse liefern. Da viele statistische Verfahren keine 100%ige Normalverteilung voraussetzen, ist diesbezüglich die zusätzliche Verwendung von Normalverteilungsdiagrammen sehr hilfreich (vgl. BROSIUS 2002, S. 380).

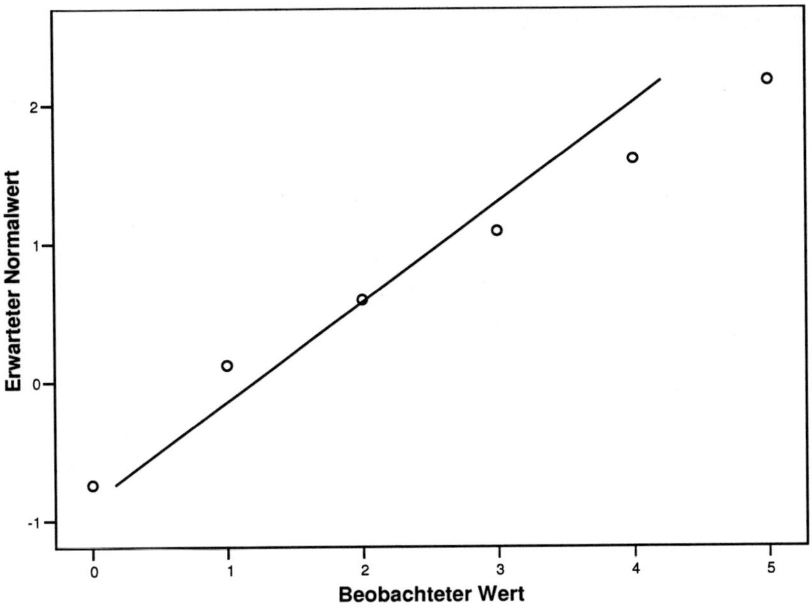

Abbildung 31: Normalverteilungsdiagramm für die Variable „Anzahl der Standortwechsel"
Quelle: eigene Erhebung

Der erwähnte Mittelwert von 1,2 Standortwechseln je Betrieb lässt sich mittels eines t-Tests[41] für die Grundgesamtheit bestätigen. Aufgrund der Tatsache, dass fast die Hälfte der Unternehmen bislang keinen Standortwechsel vollzogen hat, kann die Persistenzthese für die Grundgesamtheit durchaus verifiziert werden.

Im Branchenvergleich kann die These jedoch nur bedingt standhalten. So kann das Standortverhalten von Speditionen mit Selbsteintritt, die durchschnittlich bereits 2 Standortwechsel verzeichnen, nicht mehr als persistent eingestuft werden. Die anderen Branchen kommen im Schnitt auf je einen Wechsel.

[41] Die Voraussetzungen des Tests sind erfüllt. Der tatsächliche Mittelwert der Grundgesamtheit liegt mit 95%iger Wahrscheinlichkeit zwischen 1,0 und 1,4 Standortwechseln.

3.6.2 Geplante Standortveränderungen

Neben der Frage nach der Anzahl der Standortwechsel wurden die Unternehmen auch danach befragt, ob sie in den nächsten 3 bis 5 Jahren bedeutende Standortveränderungen planen. Die Frage wurde lediglich in 25 der 170 gültigen Antworten bejaht. Folglich planen 85% der Betriebe (145 Fälle) keinerlei Veränderungen am Standort. Die 25 Ja-Antworten setzen sich aus 8 Frachtführern, 10 Speditionen mit Selbsteintritt, 3 Speditionen ohne Selbsteintritt sowie aus 4 KEP-Diensten zusammen.

Aufgrund der geringen Fallzahlen wird in Abbildung 32 lediglich die Anzahl der Nennungen visualisiert. Durch die Möglichkeit von Mehrfachnennungen ergeben sich insgesamt 33 gültige Antworten. „Neubau- bzw. Umbaumaßnahmen" und „Standortverlagerungen innerhalb der Region München" sind die mit Abstand häufigsten Veränderungen. Da sich die wenigen geplanten Veränderungsmaßnahmen bis auf eine Ausnahme alle innerhalb der Region München abspielen, ist grundsätzlich davon auszugehen, dass die Standortvorteile der Region überwiegen. Die Komplettaufgabe des Standortes kommt ohnehin nur für ein einziges Unternehmen in Betracht.

Da lediglich 15% der Unternehmen über Änderungen ihrer derzeitigen Standortstruktur nachdenken, trägt auch diese Variable zur Bestätigung der Persistenzthese bei.

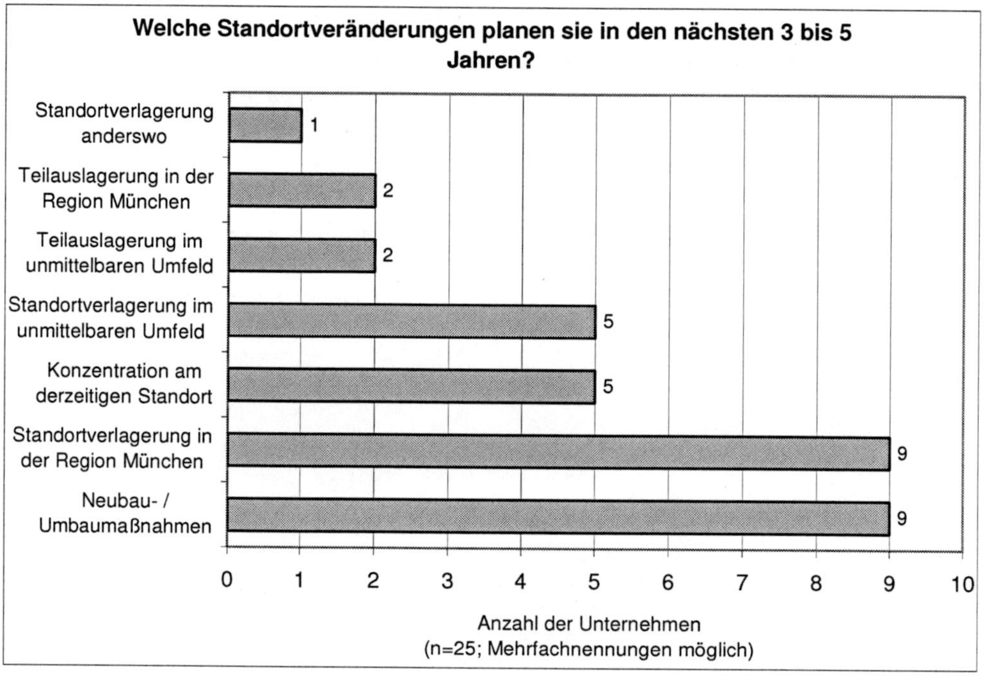

Abbildung 32: Geplante Standortveränderungen

Quelle: eigene Erhebung

3.7 Standortwahl

3.7.1 Faktoren der Standortwahl

Auf die Frage, welches die entscheidenden Faktoren für die Wahl des derzeitigen Betriebsstandortes waren, liegen von 168 Unternehmen gültige Antworten vor. Aufgrund der Möglichkeit von Mehrfachnennungen ergeben sich insgesamt 294 Antworten. Jedes Unternehmen führt seine Standortwahl somit auf rund zwei bestimmende Faktoren zurück.

Mit der „Verkehrsinfrastruktur", der „Nähe zu Kunden" und den „Kosten" sind insgesamt drei klassische Standortfaktoren unter den TOP-4 zu finden. Auf dem zweiten Rang landet mit der „Nähe zum Wohnort" dagegen ein so genannter weicher Standortfaktor, den immerhin 39% der Betriebe als entscheidend einstufen. Während die „Nähe zu Produzenten" durchaus noch als relevant betitelt werden kann, besitzen die weichen Faktoren „Bauchentscheidung" und „Prestige" sowie das „Platzangebot" keine nennenswerte Bedeutung. Ergänzend soll erwähnt werden, dass die Antwortvorgabe „Nähe zum Naherholungsangebot" von keinem Unternehmen benannt wurde.

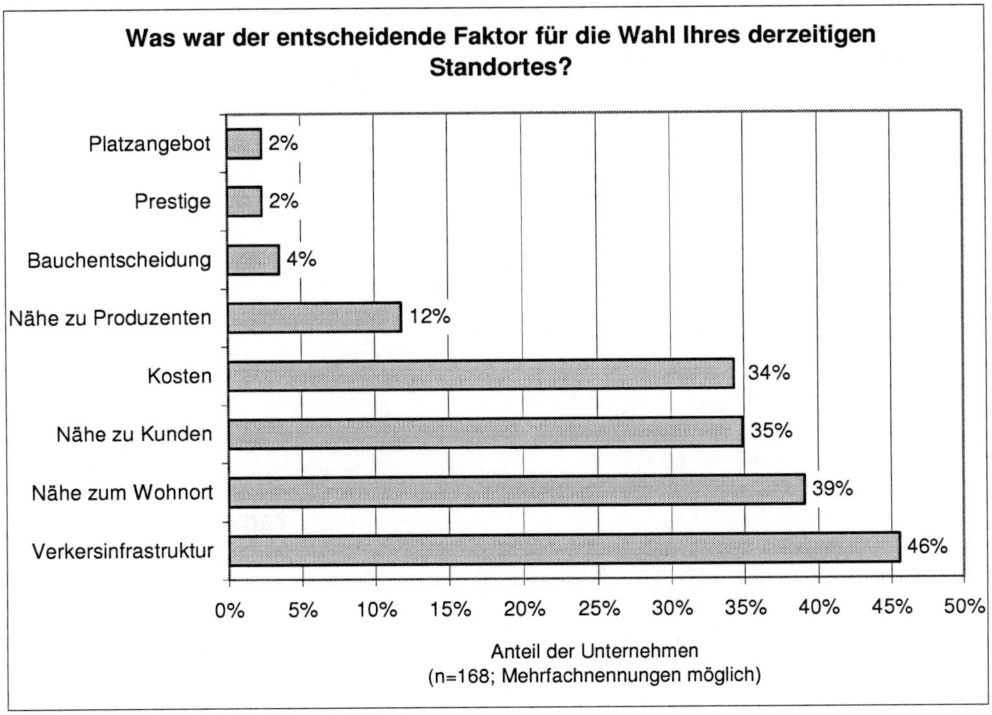

Abbildung 33: Faktoren der Standortwahl

Quelle: eigene Erhebung

Während für den Branchenvergleich keine großen Unterschiede zur Gesamtverteilung zu erkennen sind, zeigen sich unter Einbezug der Betriebsgröße jedoch zum Teil deutliche Abweichungen (s. Tabelle 20). So nehmen weiche Standortfaktoren, allen voran die „Nähe zum Wohnort", bei kleineren Unternehmen eine weitaus wichtigere Rolle ein als bei größeren. Dagegen sind für diese wiederum die Verkehrsinfrastruktur oder die Kundennähe von vorrangiger Bedeutung.

	Bis 19 Mitarbeiter (n=101)*	**20 bis 49 Mitarbeiter** (n=32)*	**50 bis 199 Mitarbeiter** (n=8)*	**Ab 200 Mitarbeiter** (n=15)*
Kosten	38%	28%	13%	40%
Verkehrsinfrastruktur	37%	53%	75%	87%
Nähe zu Kunden	26%	56%	75%	53%
Nähe zu Produzenten	11%	9%	25%	20%
Nähe zum Wohnort	56%	22%	0%	7%
Prestige	3%	0%	0%	0%
Bauchentscheidung	5%	3%	0%	0%
Platzangebot	3%	0%	0%	7%

* Mehrfachnennungen möglich

Tabelle 20: Betriebsgrößenspezifische Darstellung der Faktoren der Standortwahl
Quelle: eigene Erhebung

Aufgrund der großen Bedeutung der „Nähe zum Wohnort" kann die These, dass sich die Standortwahl vorrangig nach ökonomischen Gesichtspunkten richtet, somit für die Stichprobe nicht zweifelsfrei bestätigt werden. Aufgrund der Möglichkeit von Mehrfachnennungen sind wiederum keine Testverfahren möglich.

3.7.2 Bedeutung von Standortfaktoren

Jeder der 18 aufgelisteten Standortfaktoren wurde von mindestens 156 Unternehmen bewertet. Die vorgegebene Skala reicht von 1 (=sehr wichtig) über 2 (=wichtig) und 3 (=weniger wichtig) bis 4 (=unwichtig). Mittelwerte zwischen 1 und 2,5 werden im Folgenden als positive Bewertung und Mittelwerte zwischen 2,5 und 4 als negative Bewertung eingestuft.

Abbildung 34 zeigt diesbezüglich die Gesamtbewertung der einzelnen Standortfaktoren. Insgesamt wurden 7 Faktoren mit positiver Tendenz bewertet, jedoch keiner eindeutig mit „sehr wichtig". Die drei wichtigsten Standortfaktoren sind demnach die Verfügbarkeit „qualifizierter Arbeitskräfte" (x=1,7), die „verkehrliche Erreichbarkeit" (x=1,7) sowie die räumliche Nähe zu einem „Autobahnanschluß" (x=1,8). Diese Ergebnisse können somit im Zusammenhang mit den Erkenntnissen der Sekundäranalyse (Kap. C, Punkt 2) oder der Frage nach der Standortlage (Kap. C, Punkt 3.5.1) gesehen werden. Klassische Kostenfaktoren wie der „Kauf- bzw. Mietpreis" (x=2,0) kommen dagegen nur auf den vierten Platz.

Während sich die „Lage und Größe des Grundstücks" (x=2,5) keiner eindeutigen Tendenz zuordnen lässt, werden die verbleibenden 10 Standortfaktoren tendenziell negativ bewertet. Die schlechteste Bewertung erhielt der „Gleißanschluß" (x=3,7). Hierin spiegelt sich die geringe Bedeutung der Bahn als klassisches Massentransportmittel für die gegenwärtigen Güterstrukturen. Das „Kultur- und Freizeitangebot" (x=3,6) liegt auf dem vorletzten Platz. Zusammen mit dem „Gleisanschluß" sind das die einzigen zwei Faktoren, die eindeutig als unwichtig eingestuft werden. „Weniger qualifizierte Arbeitskräfte" (x=3,3) kommen auf den drittletzten Platz.

Es zeigt sich also, dass klassische, ökonomisch orientierte Standortfaktoren generell wichtiger eingestuft werden als weiche. Im Gegensatz zur vorangegangenen Frage nach den entscheidenden Faktoren der Standortwahl, werden in dieser Bewertung jedoch sämtliche weichen Standortfaktoren tendenziell als unwichtig eingestuft.

Abbildung 35 veranschaulicht dagegen, dass die verschiedenen Branchen die Relevanz einzelner Faktoren durchaus unterschiedlich stark einschätzen. So stufen Speditionen mit Selbsteintritt fast alle Standortfaktoren wichtiger ein als die drei anderen Leistungsanbieter. Die größten branchenspezifischen Unterschiede bestehen bei den Faktoren „Autobahnanschluß", „Baurechtsituation", „Lage in einem Industrie- /Gewerbegebiet", „Nähe zu Kunden" sowie „Image des Standortes".

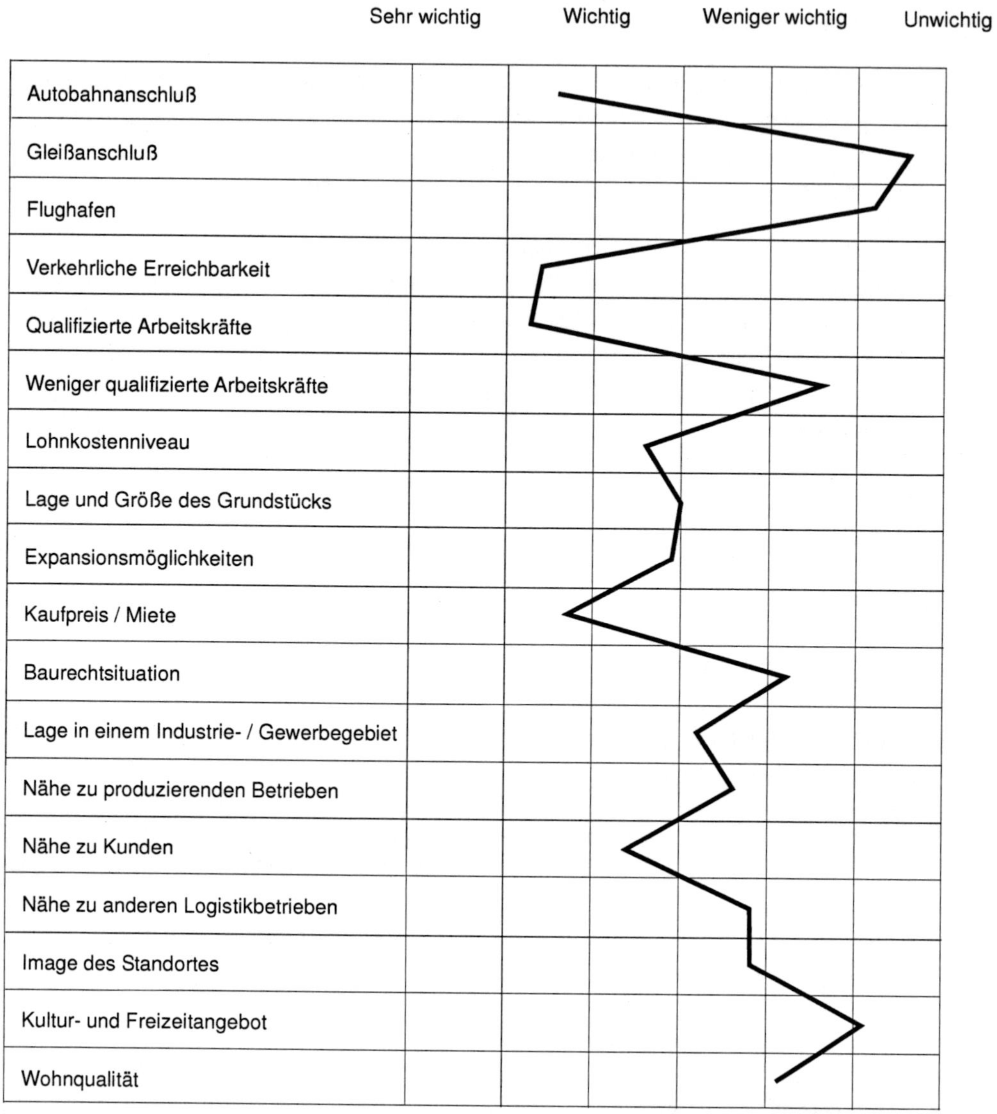

Abbildung 34: Gesamtbewertung der Standortfaktoren
Quelle: eigene Erhebung

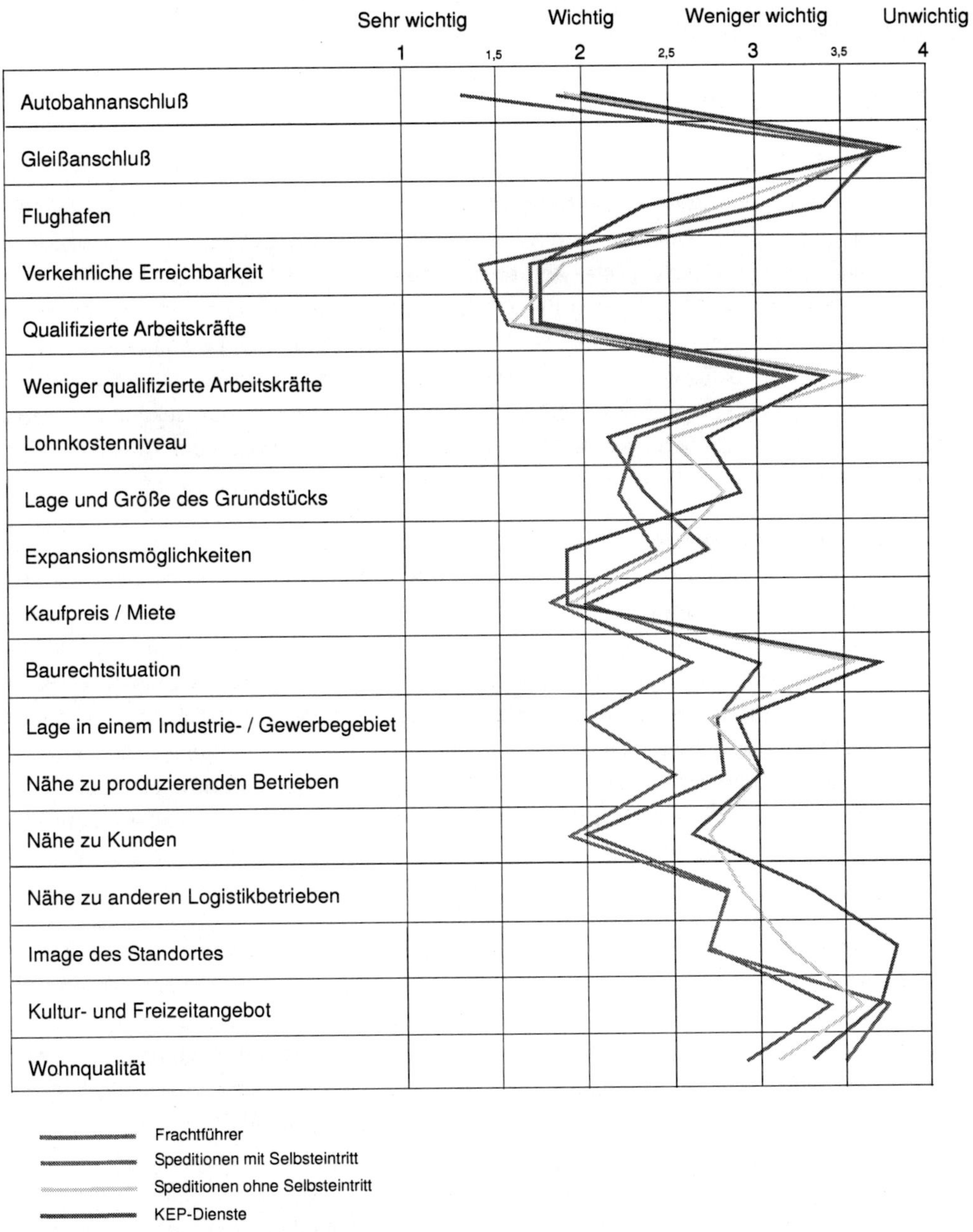

Abbildung 35: Branchenspezifische Bewertung der Standortfaktoren

Quelle: eigene Erhebung

D Schlussbetrachtung

1. Zusammenfassung

Das Forschungsinteresse dieser Arbeit galt der Wettbewerbs- und Standortproblematik von Güterkraftverkehrs- und Speditionsunternehmen. Im Einzelnen wurden hierfür Frachtführer, Speditionen (unterteilt in Speditionen mit und Speditionen ohne Selbsteintritt) sowie KEP-Dienste berücksichtigt. Die räumliche Abgrenzung des Untersuchungsgebietes richtete sich nach der administrativen Abgrenzung der Region 14 (=Region München) der bayerischen Landesplanung. Das Ziel des empirischen Teils lag vorwiegend in einer weitgehenden Bestandsaufnahme der aktuellen Strukturen des Transportgewerbes, insbesondere jedoch in der Ausarbeitung von branchenspezifischen Unterschieden. Neben einer Sekundäranalyse, die zur Ermittlung der Grundgesamtheit herangezogen wurde, setzt sich der empirische Teil zudem aus einer Primärerhebung in Form einer Unternehmensbefragung zusammen.

Obwohl die gesamtwirtschaftliche Bedeutung des Transportsektors aufgrund von outsourcing Prozessen in Industrie und Handel kontinuierlich zunimmt, befindet sich das Gewerbe seit einigen Jahren in einem schwierigen Marktumfeld. So sehen sich vor allem die vielen kleinen und mittelständischen Unternehmen durch einen starken Preiswettbewerb und die M&A-Philosophie der großen Anbieter in ihrer Existenz bedroht. Für deutsche Unternehmen ist zudem eine Benachteiligung durch die nationale Gesetzgebung zu verzeichnen. Andererseits erfordern die gestiegenen Qualitätsansprüche der Verlader jedoch eine ständige Ausweitung und Anpassung der angebotenen Leistungen. Obwohl das Gewerbe bis heute noch weitgehend polypolistisch organisiert ist, mehren sich vor allem seit den 1990er Jahren die Anzeichen einer stärkeren Anbieterkonzentration. Marktaustritte, Fusionen und Übernahmen sowie die Bildung strategischer Allianzen seien hier als Ursachen genannt.

Die Ergebnisse der Sekundäranalyse können wie folgt zusammengefasst werden: Die Grundgesamtheit beläuft sich auf insgesamt 1102 Transport- und Speditionsunternehmen. Diese verteilen sich annähernd zur Hälfte auf das Gebiet der Stadt München und auf deren Umland. Insgesamt kann eine deutliche Standorthäufung in nordöstliche Richtung festgestellt werden. Die Autobahnen A9 (München – Nürnberg) und A96 (München – Deggendorf) sowie der Flughafen München lassen sich somit als wichtige Standortkriterien ableiten. Daneben tritt eine schlauchartige Häufung entlang des Autobahnrings A99 auf, wodurch der Landkreis München auf Kreisebene zum wichtigsten Standortraum wird. Seine 208 Unternehmen repräsentieren bereits ein Drittel aller im Umland angesiedelten Betriebe. Für die übrigen Unternehmen kann auch eine, zumindest grobe, Orientierung am Autobahnnetz festgestellt werden. Innerhalb der Stadt München haben 85% der Unternehmen ihren Standort außerhalb des „Mittleren Rings“. Zudem tritt eine deutliche Ballung in den nördlichen und östlichen Randgebieten auf.

Im Verhältnis zur räumlichen Verteilung der Grundgesamtheit geben die Ergebnisse der Unternehmensbefragung dagegen einen genaueren Einblick in das Transportgewerbe: Trotz den voranschreitenden Konzentrationstendenzen, ist das Gewerbe noch weitestgehend kleinbetrieblich strukturiert. So beschäftigen fast die Hälfte der Betriebe weniger als 10 und knapp 90% weniger als 35 Mitarbeiter. Speditionen mit Selbsteintritt beschäftigen mit im Schnitt 35 Mitarbeitern jedoch knapp doppelt so viele wie Frachtführer und drei Mal so viele wie Speditionen ohne Selbsteintritt und KEP-Dienste. Zudem handelt es sich bei gut drei Viertel der Unternehmen um so genannte Einbetriebsunternehmen. Mehr als einen Standort können überwiegend Speditionen mit Selbsteintritt aufweisen.

In der Angebotsstruktur der Unternehmen dominieren mit Transport und Lagerung nach wie vor die klassischen Tätigkeitsfelder. Bei Speditionen ist die Entwicklung hin zum Logistikdienstleister jedoch weitaus deutlicher zu erkennen als bei den anderen Branchen. Mit durchschnittlich 6 Tätigkeitsbereichen bieten sie in der Praxis gut drei Mal so viele an wie Frachtführer und immerhin noch doppelt so viele wie KEP-Dienste. Während für Speditionen die dispositiven Aufgabenfelder dominieren, sind Frachtführer hauptsächlich im operativen Transportgeschäft sowie in der Lagerung tätig.

Die Mehrzahl der Firmen kann nur einen geringen bis mittleren Kundenstamm aufweisen. Frachtführer haben jedoch mit Abstand die wenigsten und Speditionen mit Selbsteintritt die meisten Kunden. Die Kunden sind zum Großteil den Branchen Maschinenbau, Elektronikindustrie, Großhandel, Automobilindustrie, Pharma / Chemie sowie der Textilindustrie zuzuordnen. Sie stammen zur überwiegenden Mehrzahl aus der Region München und aus Bayern. Internationale Kundenbeziehungen können dagegen lediglich Speditionen mehrheitlich aufweisen.

Bis auf Frachtführer verfolgen alle anderen Branchen zu mehr als drei Viertel eine bestimmte Wettbewerbs- bzw. Unternehmensstrategie. Zudem kann festgestellt werden, dass die Wahrscheinlichkeit einer strategischen Unternehmensausrichtung mit der Betriebsgröße zunimmt. Die „Ausweitung des Leistungsangebotes", die „Bildung von Kooperationen" sowie die „Konzentration auf Kernkompetenzen" stellen diesbezüglich die wichtigsten Strategien dar. Der Großteil der Unternehmen zeichnet sich durch eine geringe Anzahl von Kooperationspartnern aus. Wie schon bei der Herkunft der Kunden, sind auch die Kooperationspartner von Frachtführern mehrheitlich in der Region München und in Bayern angesiedelt. Die anderen Branchen haben dagegen einen deutlich weiträumigeren Aktionsradius.

Die überwiegende Mehrheit aller Unternehmen hat ihre Betriebsflächen nur angemietet. Frachtführer und Speditionen mit Selbsteintritt sind jedoch tendenziell öfter Eigentümer als die anderen beiden Branchen. Die Größe der Büroflächen liegt größtenteils zwischen 100m^2 und 200m^2 und die der Lagerflächen zwischen 500m^2 und 2.000m^2. Für die kommenden 3 bis 5 Jahre gehen die meisten Unternehmen von gleich bleibenden Flächenansprüchen aus.

In der Gesamtbetrachtung zeichnet sich das Transportgewerbe generell durch eine hohe Standortpersistenz aus. So hat fast die Hälfte der Unternehmen noch keinen Standortwechsel hinter sich. Speditionen mit Selbsteintritt heben sich mit durchschnittlich 2 Wechseln jedoch deutlich von den anderen Branchen mit durchschnittlich nur einem Wechsel ab. Da nur 25 Unternehmen für die nächsten 3 bis 5 Jahre eine Standortveränderung planen, kann grundsätzlich davon ausgegangen werden, dass die Standortvorteile der Region überwiegen. Lediglich ein Unternehmen erwägt die Komplettaufgabe des derzeitigen Standortes.

Für den Bereich der betrieblichen Standortwahl wurde festgestellt, dass nicht nur klassische Faktoren, wie z.B. die Verkehrsinfrastruktur oder die Kosten, eine wichtige Rolle spielen, sondern durchaus auch so genannte weiche Standortfaktoren. So gaben fast 40% der Unternehmen an, dass ihre Standortwahl auf die Nähe zum Wohnort zurückzuführen ist. Die Bewertungsskala der 18 Standortfaktoren steht dem jedoch klar entgegen. Keiner der weichen Standortfaktoren kann eine positive Ausprägung verbuchen. Die TOP-3 dieser Bewertung sind der Autobahnanschluß, die verkehrliche Erreichbarkeit sowie das Angebot an qualifizierten Arbeitskräften.

2. Fazit und Ausblick

Ursprünglich sollte sich vorliegende Arbeit lediglich mit den Standortanforderungen und der Standortwahl von Transport- und Speditionsunternehmen auseinandersetzen. Im Laufe des Literaturstudiums stellte sich jedoch heraus, dass dieser Bereich in der wissenschaftlichen Forschung bislang kaum Berücksichtigung fand. Da sich das Transportgewerbe seit einiger Zeit in einer grundlegenden Umbruchphase befindet und sich insbesondere die Marktverhältnisse auf die künftige Standortstruktur auswirken werden, erschien es deshalb als außerordentlich sinnvoll, die gegenwärtigen Wettbewerbsstrukturen in die Analyse zu integrieren.

Wie bereits mehrfach erwähnt, setzte sich der empirische Teil der Arbeit aus zwei Bereichen zusammen. Einerseits wurde mittels einer Sekundäranalyse die Grundgesamtheit bestimmt und andererseits mittels einer Unternehmensbefragung aktuelle Strukturverhältnisse ermittelt. Für den Bereich der Sekundäranalyse kann festgehalten werden, dass die Kombination aus IHK-Unternehmensdatenbank und online Version des Branchenbuches „Gelbe Seiten“ eine optimale Möglichkeit darstellte, die Grundgesamtheit nahezu vollständig zu ermitteln. Der Mehraufwand im Verhältnis zur Nutzung von nur einer Quelle hielt sich in Grenzen und ist aufgrund der deutlichen Verbesserung des Datenmaterials als durchaus legitim einzuschätzen. Es kann somit behauptet werden, dass der Untersuchung insgesamt eine als sehr gut einzuschätzende Datenbasis zugrunde liegt.

Die Unternehmensbefragung erfolgte anhand einer schriftlichen Befragung. Die Fragebögen wurden den Probanden hierfür jedoch nicht per Post, sondern per Fax übermittelt. Diesbezüglich wurde mit jedem Unternehmen vorab telefonisch Kontakt aufgenommen und dem jeweiligen Ansprechpartner die Einzelheiten der Befragung erläutert. Im Falle einer Teilnahmebereitschaft wurde der Fragebogen umgehend zugefaxt. Gegenüber einer postalischen Befragung hat die hier angewandte Methode den Nachteil, dass sie sich wesentlich zeitaufwendiger gestaltet. Die erzielten Vorteile überwiegen den Zeitfaktor jedoch bei weitem. So kann im nach hinein festgehalten werden, dass die Befragungskosten deutlich niedriger und die Rücklaufquote deutlich höher, als bei postalischen Befragungen üblich, ausgefallen sind. Die Gründe hierfür sind in folgenden drei Punkten zu sehen: (1) Der Fragebogen muss nur an diejenigen Firmen gefaxt werden, die auch ihre Teilnahmebereitschaft erklärt haben. (2) Die Probanden wissen vorab schon, dass und über was sie befragt werden. (3) Die Probanden können den Fragebogen sofort ausfüllen und ihn für die Rückantwort gleich wieder ins Fax legen. Obwohl die Voraussetzungen für statistische Testverfahren größtenteils nicht erfüllt waren, können die Stichprobe und mit ihr die dargestellten Ergebnisse in jedem Falle als repräsentativ eingestuft werden. In Anbetracht dieser skizzierten Methodenbewertung kann das für vorliegende Arbeit ausgearbeitete Untersuchungsdesign auch für andere Untersuchungen empfohlen werden.

Das zugrunde liegende Thema bietet jedoch durchaus noch weiteren Forschungsbedarf. Die hier erzielten Ergebnisse sind als Bestandsaufnahme zu werten. Da die in der wissenschaftlichen Forschung diskutierten Marktveränderungen bislang nur ansatzweise zu erkennen sind, muss die weitere Entwicklung abgewartet werden. Aus diesem Grund bleibt die bereits in der Einleitung erwähnte Frage, inwieweit sich die prognostizierten Marktveränderungen auf die Standort- und Wirtschaftsstruktur auswirken werden, weiter unbeantwortet.

Literaturverzeichnis

ABERLE, G. (2003a): Transportwirtschaft. Einzelwirtschaftliche und gesamtwirtschaftliche Grundlagen. 4. Auflage. München.

ABERLE, G. (2003b): Volkswirtschaftliche Bedeutung des Logistiksektors: Strategien der Verkehrsunternehmen und ihr Wandel zu Logistikdienstleistern. In: MERKEL, H. u. B. BJELICIC (Hrsg.): Logistik und Verkehrswirtschaft im Wandel. Unternehmensübergreifende Versorgungsnetzwerke verändern die Wirtschaft, S. 275–290. München.

BAHRENBERG, G., GIESE, E. u. J. NIPPER (1999): Univariate und bivariate Statistik. 4. Auflage. Stuttgart (=Statistische Methoden in der Geographie, Bd. 1).

BARWIG, U. (2003): Wohin steuert die Verkehrspolitik im Güterverkehr? In: MERKEL, H. u. B. BJELICIC (Hrsg.): Logistik und Verkehrswirtschaft im Wandel. Unternehmensübergreifende Versorgungsnetzwerke verändern die Wirtschaft. S. 323–336. München.

BATHELT, H. u. J. GLÜCKLER (2002): Wirtschaftsgeographie. Ökonomische Beziehungen in räumlicher Perspektive. 2. Auflage. Stuttgart.

BAUMGARTEN, H. u. A. WIEGAND (1999): Entwicklungstendenzen und Erfolgsstrategien der Logistik. IN: BAUMGARTEN, H. u. A. WIEGAND (Hrsg.): Handbuch Logistik. Management von Material- und Warenflussprozessen, S. 783-800. Stuttgart.

BERGER, U. u. I. BERNHARD-MEHLICH (1999): Die Verhaltenswissenschaftliche Entscheidungstheorie. In: KIESER, A. (Hrsg.): Organisationstheorien. 3. Auflage. Stuttgart.

BJELICIC, B. (2003): Der Wandel der Unternehmensstrukturen in der globalen Verkehrswirtschaft. In: MERKEL, H. u. B. BJELICIC (Hrsg.): Logistik und Verkehrswirtschaft im Wandel. Unternehmensübergreifende Versorgungsnetzwerke verändern die Wirtschaft, S. 291–306. München.

BLOECH, J. u. G. B. IHDE (Hrsg.) (1997): Vahlens großes Logistiklexikon. München.

BRETZKE, W.-R. (1999): Überblick über den Markt an Logistik-Dienstleistern. In: WEBER, J. u. H. BAUMGARTEN (Hrsg.): Handbuch Logistik. Management von Material- und Warenflußprozessen, S. 219–225. Stuttgart.

BROSIUS, F. (2002): SPSS 11. Bonn.

BRUNOTTE, E. et al. (Hrsg.) (2001): Lexikon der Geographie 1. Berlin (=Lexikon der Geographie in vier Bänden).

BRUNOTTE, E. et al. (Hrsg.) (2002): Lexikon der Geographie 2. Berlin (=Lexikon der Geographie in vier Bänden).

BUNDESMINISTERIUM FÜR VERKEHR, BAU- und WOHNUNGSWESEN (BMVBW) (Hrsg.) (2003): Verkehr in Zahlen 2003/2004. Hamburg.

BUNDESVERBAND GÜTERKRAFTVERKEHR LOGISTIK UND ENTSORGUNG (BGL) E.V. (Hrsg.) (2003): Jahresbericht 2002 / 2003. Frankfurt am Main.

BUNDESVERBAND GÜTERKRAFTVERKEHR LOGISTIK UND ENTSORGUNG (BGL) E.V. (Hrsg.) (o.J.): Verkehrswirtschaftliche Zahlen (VWZ) 2002. Frankfurt am Main.

BUNDESVERBAND SPEDITION UND LOGISTIK E.V. (Hrsg.) (2000): Zahlen, Daten, Fakten aus Spedition und Logistik 2000. Bonn.

BUNDESZENTRALE FÜR POLITISCHE BILDUNG (Hrsg.) (2000): Wirtschaft heute. 4. Auflage. Bonn.

COX, K. u. R. G. GOLLEDGE (1969): Behavioral Problems in Geography: A Symposium. Evaston (=Nordwestern University in Geography, No. 17).

DICKEN, P. u. P. LLOYD (1999): Standort und Raum. Theoretische Perspektiven in der Wirtschaftsgeographie. 3. Auflage. Stuttgart.

ECKEY, H.-F. u. W. STOCK (2000): Verkehrsökonomie. Eine empirisch orientierte Einführung in die Verkehrswissenschaften. Wiesbaden.

ENXING, G. (1999): Die Standortwahl höherwertiger unternehmensorientierter Dienstleistungsbetriebe. Duisburg (= Duisburger Geographische Arbeiten, Bd. 19).

FALLER, P. (1999): Logistik und Verkehrsbetriebslehre. In: WEBER, J. u. H. BAUMGARTEN (Hrsg.): Handbuch Logistik. Management von Material- und Warenflußprozessen, S. 77–101. Stuttgart.

FLIEDNER, D. (1993): Sozialgeographie. Berlin (=Lehrbuch der Allgemeinen Geographie, Bd. 13).

GÜTERKRAFTVERKEHRSGESETZ (GüKG) i.d.F. v. 22. Juni 1998.

GÜTERKRAFTVERKEHRSGESETZ (GüKG) i.d.F. v. 17. Oktober 1952.

HANDELSGESETZBUCH (HGB) (2003). 71. Auflage. München (=Beck´sche Textausgaben).

HOHLSTEIN et al. (2003): Lexikon der Volkswirtschaft. Über 2200 Begriffe für Studium und Beruf. 2. Auflage. München.

IHDE, G. B. (2001): Transport, Verkehr, Logistik. 3. Auflage. München.

JUNG, H. (2004): Allgemeine Betriebswirtschaftslehre. 9. Auflage. München.

KLAUS, P. (2003): Top 100 der Logistik (= Manuskript zur Studie TOP 100 der Logistik).

KÖBERLEIN, C. (1997): Kompendium der Verkehrspolitik. München.

KREIS, R. (1998): Betriebswirtschaftslehre. Einführung und Managementlehre. 5. Auflage. München (=Betriebswirtschaftslehre in 3 Bänden, Bd. 1).

KRUSE, P. E. (2003): Mit den Märkten wachsen. Der Wandel vom KEP-Dienstleister zum Global Player der Logistik. In: MERKEL, H. u. B. BJELICIC (Hrsg.): Logistik und Verkehrswirtschaft im Wandel. Unternehmensübergreifende Versorgungsnetzwerke verändern die Wirtschaft, S. 437-444. München.

LESER, H. (1997): DIERCKE-Wörterbuch Allgemeine Geographie. 9. Auflage. München.

MEHLDAU, M. u. M. SCHNORZ (1999): Trends und Strategien im Markt der Logistikdienstleister. In: WEBER, J. u. H. BAUMGARTEN (Hrsg.): Handbuch Logistik. Management von Material- und Warenflußprozessen, S. 842–858. Stuttgart.

PIECKENBROCK, D. (2002): Kompakt-Lexikon Volkswirtschaft. Wiesbaden.

RITTER, W. (1998): Allgemeine Wirtschaftsgeographie. Eine systemtheoretisch orientierte Einführung. 3. Auflage. München.

SCHÄTZL, L. (1998): Wirtschaftsgeographie 1. Theorie. 7. Auflage. Paderborn (= Wirtschaftgeographie in drei Bänden, Bd. 1).

SCHNELL, R., HILL, P. B. u. E. ESSER (1999): Methoden der empirischen Sozialforschung. 6. Auflage. München.

SCHULTE, C. (Hrsg.) (1999): Lexikon der Logistik. München.

STATISTISCHES BUNDESAMT (Hrsg.) (2002): Klassifikation der Wirtschaftszweige, Ausgabe 2003 (WZ 2003). Wiesbaden.

STATISTISCHES BUNDESAMT (Hrsg.) (2004): Statistisches Jahrbuch für die Bundesrepublik Deutschland 2004. Wiesbaden.

VOPPEL, G. (1999): Wirtschaftsgeographie. Räumliche Ordnung der Weltwirtschaft unter marktwirtschaftlichen Bedingungen. Stuttgart.

WAGNER, H.-G. (1998): Wirtschaftsgeographie. 3. Auflage. Braunschweig (=Das Geographische Seminar).

WEBER, A. (1909): Über den Standort der Industrien. Erster Teil: Reine Theorie des Standortes. Tübingen.

WERLEN, B. (2000): Sozialgeographie. Eine Einführung. Stuttgart.

ZENTES, J. u. D. MORSCHETT (2003): Die Service-Bausteine in der Logistik. In: MERKEL, H. u. B. BJELICIC (Hrsg.): Logistik und Verkehrswirtschaft im Wandel. Unternehmensübergreifende Versorgungsnetzwerke verändern die Wirtschaft, S. 419-435. München.

Sonstige Quellen:

Industrie- und Handelskammer für München und Oberbayern

Seminar für Sozialwissenschaftliche Geographie München

www.gelbeseiten.de

Anhang

Begleitschreiben zum Fragebogen

Fragebogen

Auszug der berücksichtigten Branchenschlüssel (WZ03)

DEPARTMENT FÜR GEO- UND UMWELTWISSENSCHAFTEN
SEKTION GEOGRAPHIE

PROF. DR. ANDREAS KOCH

LMU
Ludwig-
Maximilians-
Universität
München

Postanschrift: LMU Department für Geo- und Umweltwissenschaften
Sektion Geographie, Prof. Dr. A. Koch, Luisenstr. 37, 80333 München

München, 10. Oktober 2004

Sehr geehrte Damen und Herren,

ich heiße Benjamin Gutgesell und schreibe derzeit an meiner Diplomarbeit zum Thema *„Standortwahl und Standortverhalten von Unternehmen des Transport- und Speditionsgewerbes“*. Am Beispiel der Region München sollen dabei insbesondere die wichtigsten Standortanforderungen vom Ein-Mann-Betrieb bis zum Logistikkonzern näher untersucht und dargestellt werden. In Zusammenarbeit mit der IHK für München und Oberbayern führe ich diesbezüglich eine schriftliche Unternehmensbefragung durch und möchte Sie bitten, den beigefügten Fragebogen bis zum 31.07.2004 auszufüllen und an mich per Fax (089-37158472) zurückzusenden.

Für das Ausfüllen des Fragebogens benötigen Sie ca. 5 bis 10 Minuten. Jeder vollständig ausgefüllte und an mich zurückgesendete Fragebogen ist für meine Untersuchung von großer Bedeutung. Die Auswahl der Teilnehmer an der Befragung erfolgte durch eine zufällige Stichprobe. Ich versichere Ihnen, dass die von Ihnen gemachten Angaben anonym ausgewertet und nicht an Dritte weitergegeben werden. Die Ergebnisse dienen rein wissenschaftlichen Zwecken.

Vielen Dank für Ihre Mithilfe.

Mit freundlichen Grüßen,

B. Gutgesell — Benjamin Gutgesell

A. Koch — Prof. Dr. A. Koch

? LMU ? Department für Geo- und Umweltwissenschaften, Sozialwissenschaftliche Geographie, Arcisstr. 21, 80333 München
☎ 089 289-22811 oder 22812, Fax. 089 289-22804, e-mail: andreas.koch@ssg.geo.uni-muenchen.de
Internet: http://www.ssg.geo.uni-muenchen.de

Fragebogen

Bitte füllen Sie den Fragebogen bis zum 31.7.2004 aus und senden ihn per **FAX (089/37158472)** an mich zurück. Mehrfachantworten sind grundsätzlich möglich. Bei Rückfragen stehe ich Ihnen gerne telefonisch (089/3119692), per e-mail (Benjamin.Gutgesell@t-online.de) oder per FAX (siehe oben) zur Verfügung.

Vielen Dank für Ihre Mithilfe!

1. Welcher Branche ist Ihr Betrieb zuzuordnen?
   - □ Transportunternehmen / Frachtführer
   - □ Spedition → Selbsteintritt □ ja □ nein
   - □ Kurier- / Express- / Paketdienst
   - □ sonstiges: ____________________

2. Durch welche Tätigkeiten ist Ihr Leistungsangebot gekennzeichnet?
   □ Transport □ Umschlag □ Lagerung □ Verpacken
   □ Kommissionierung □ Frachtvermittlung □ Transportorganisation □ Zollabwicklung
   □ Import □ Export □ sonstiges: ________________________

3. Besitzt ihr Unternehmen einen eigenen Fuhrpark? □ Ja □ Nein

   falls ja: 4. Wie viele Transportfahrzeuge haben Sie? _____
   5. Werden diese über Nacht auf dem Betriebsgelände abgestellt? □ ja □ nein

6. Wann wurde Ihr Unternehmen / ihre Niederlassung gegründet? _______

7. Wie viele Standortwechsel hat es seither gegeben? _____

8. Wie viele Standorte hat Ihr Betrieb? in Deutschland ____ insgesamt ____

9. Wie viele Mitarbeiter hat Ihr Betrieb? am Standort München ____ insgesamt ____

10. In welchem Postleitzahlgebiet befindet sich Ihr Unternehmen? ______________________

11. In welcher Lage befindet sich Ihr Betriebsstandort?
    □ innenstädtisch □ randstädtisch □ Gewerbe- / Industriegebiet
    □ Flughafennähe □ Autobahnnähe □ Bahnnähe

12. Befinden sich ihre Betriebsflächen in Firmeneigentum? □ ja □ nein

13. Über welche Betriebsflächen verfügen sie am Standort München und wie groß sind diese ca.?

    □ Bürofläche, ca._______ qm □ Freifläche ca. _______ qm
    □ Lagerfläche, ca._______ qm □ Verkehrsfläche ca._______ qm

14. Wie schätzen Sie Ihren Flächenbedarf für die nächsten 3-5 Jahre ein?
    - □ steigend
    - □ gleich bleibend
    - □ sinkend

    falls steigend: 15. Werden Sie in Zukunft Flächen bzw. Gebäude eher anmieten oder selbst erwerben? □ anmieten □ selbst erwerben □ beides

16. Planen Sie in diesem Zeitraum bedeutende Veränderungen am Standort München? □ ja □ nein

    falls ja, welche?
    - □ Neubau-/ Umbaumaßnahmen
    - □ Konzentration am derzeitigen Standort
    - □ Teilauslagerung
      → □ im unmittelbaren Umfeld □ Region München □ anderswo
    - □ Standortverlagerung
      → □ im unmittelbaren Umfeld □ Region München □ anderswo
    - □ sonstiges: ________________________

17. Verfolgt Ihr Unternehmen eine bestimmte Wettbewerbsstrategie? □ ja □ nein

falls ja, welche?
- □ Marktführerschaft
- □ Kostenführerschaft
- □ Kooperationen und strategische Allianzen
- □ Ausweitung des Leistungsangebotes
- □ Konzentration auf Kernkompetenzen
- □ Ausweitung der Präsenz in der Fläche / Netzwerkstrategie
  → □ deutschlandweit □ europaweit □ weltweit
- □ Fusion, Zukauf, Integration
- □ sonstige: ______________

18. Haben Sie Kooperationen mit anderen Unternehmen? □ ja □ nein

falls ja: 19. Wie viele Kooperationspartner haben Sie? ______

20. Wo sind ihre Kooperationspartner angesiedelt?
- □ Region München
- □ Bayern
- □ sonstiges Deutschland
- □ EU
- □ außerhalb der EU

21. Wie viele feste Kunden haben Sie? ____

22. Welcher Branche gehören Ihre Kunden an?
- □ Automobilindustrie
- □ Elektronikindustrie
- □ Maschinenbau
- □ Textilindustrie
- □ Großhandel
- □ Einzelhandel
- □ Lebensmittel
- □ Versandhandel
- □ Pharma / Chemie
- □ Bau- und Baunebengewerbe
- □ private Haushalte
- □ sonstiges: ______________

23. Wo sind Ihre Kunden angesiedelt?
- □ Region München
- □ Bayern
- □ sonstiges Deutschland
- □ EU
- □ außerhalb der EU

24. Was war der entscheidende Faktor für die Wahl Ihres derzeitigen Standortes?
- □ Kosten
- □ Verkehrsinfrastruktur
- □ Prestige
- □ Nähe zum Wohnort
- □ Nähe zu Produzenten
- □ Nähe zu Kunden
- □ „Bauchentscheidung"
- □ Naherholungsangebot
- □ sonstiges: ______________

25. Welche Bedeutung haben folgende Standortfaktoren für Ihr Unternehmen?

	sehr wichtig	wichtig	weniger wichtig	unwichtig
Autobahnanschluss	□	□	□	□
Gleisanschluss	□	□	□	□
Flughafen	□	□	□	□
verkehrliche Erreichbarkeit	□	□	□	□
qualifizierte Arbeitskräfte	□	□	□	□
weniger qualifizierte Arbeitskräfte	□	□	□	□
Lohnkostenniveau	□	□	□	□
Lage und Größe des Grundstücks	□	□	□	□
Expansionsmöglichkeiten	□	□	□	□
Kaufpreis/Miete	□	□	□	□
Baurechtsituation	□	□	□	□
Lage in einem Industrie- / Gewerbegebiet	□	□	□	□
Nähe zu produzierenden Betrieben	□	□	□	□
Nähe zu Kunden	□	□	□	□
Nähe zu anderen Logistikunternehmen	□	□	□	□
Image des Standortes	□	□	□	□
Kultur- und Freizeitangebot	□	□	□	□
Wohnqualität	□	□	□	□

Auszug der berücksichtigten Branchenschlüssel (WZ03)

I	**Verkehr und Nachrichtenübermittlung**
IA	**Verkehr und Nachrichtenübermittlung**
60	Landverkehr; Transport in Rohrfernleitungen
60.24	Güterbeförderung im Straßenverkehr
60.24.5	Erlaubnispflichtiger gewerblicher Güterkraftverkehr
60.24.6	Erlaubnisfreier und freigestellter Straßengüterverkehr
63	Hilfs- und Nebentätigkeiten für den Verkehr; Verkehrsvermittlung
63.4	Spedition, sonstige Verkehrsvermittlung
63.40	Spedition, sonstige Verkehrsvermittlung
63.40.1	Spedition
63.40.4	Logistische Dienstleistungen, anderweitig nicht genannt
63.40.5	Verkehrsvermittlung, anderweitig nicht genannt
64	Nachrichtenübermittlung
64.1	Postverwaltung und private Post- und Kurierdienste
64.12	Private Post- und Kurierdienste
64.12.1	Briefdienste
64.12.3	Paketdienste
64.12.5	Expressdienste
64.12.6	Kurierdienste

Quelle: STATISTISCHES BUNDESAMT 2002, S. 40f